U0176834

海口第一街

——骑楼老街

蒙乐生　刘春影　著

中国海洋大学出版社
·青岛·

图书在版编目（CIP）数据

海口第一街——骑楼老街 / 蒙乐生，刘春影著. —
青岛：中国海洋大学出版社，2023.9
ISBN 978-7-5670-3618-5

Ⅰ. ①海… Ⅱ. ①蒙… ②刘… Ⅲ. ①商业建筑－古
建筑－介绍－海口 Ⅳ. ①TU247

中国国家版本馆 CIP 数据核字(2023)第 173767 号

HAIKOU DI-YI JIE ——QILOU LAOJIE

海口第一街——骑楼老街

出版发行　中国海洋大学出版社
社　　址　青岛市香港东路23号
邮　　编　266071
出 版 人　刘文菁
网　　址　http://pub.ouc.edu.cn
电子信箱　1922305382@qq.com
订购电话　0532-82032573（传真）
责任编辑　曾科文　陈　琦　　电话　0898-31563611
印　　制　海口景达鑫彩色印刷有限公司
版　　次　2023年9月第1版
印　　次　2023年9月第1次印刷
成品尺寸　170 mm × 240 mm
印　　张　19.5
字　　数　236千
印　　数　1—2000
定　　价　68.00元

如发现印装质量问题，请致电0898-66748506调换。

序 言

了解海口，热爱海口

在2009年首届十大"中国历史文化名街"评选中，海南省海口市骑楼街（区）（海口骑楼老街）以其唯一性、独特性在众多优秀代表中脱颖而出。笔者想了解骑楼老街这"海口第一街"，梳理历史信息，反映其形成与发展的历程，讴歌前贤对街区建设的笃力，可是一直到现在才初步写就，心中着实惭愧。

骑楼老街是海口这座城市的"老祖母"。她的核心保护区包括新华北路—长堤路—水巷口—博爱北路—解放东路等5条街道的围合区，约600个老字号、老故事和老商号，项目总体规划范围有12条街道，占地面积1820亩（1亩≈666.67平方米），街区户籍人口约4万人，有11个居委会。

骑楼老街肇始于海口所城，距今已600多年。那是当年的琼州锁钥、海防重地，对打击倭寇骚扰与劫掠、保护海岛安宁、促进地方稳定，起到了积极作用。进入清代，帝国主义的坚船

利炮撞开了国门，骑楼老街被迫成了通商口岸、贸易场所，成了"海上丝绸之路"中转、补给、避风的港口，成了从我国东南沿海到东南亚海上航船停靠的节点港口。

商埠初成，贸易渐兴，城区扩展，繁闹日盛。到民国及至海口解放，海口已取代府城成为海南岛的首府、全岛交通的集散地，成为政治、经济、文化的中心。海口骑楼记载着城市开放史、奋斗史、屈辱史，其间不知有几多沉重，几多沧桑，几多血泪，几多悲壮!

郑和下西洋之后，国人借助海上通道出洋，足迹遍布四海各国，所以"华侨"的本义就是"漂洋过海的中国人"。当然，这里头有数不清的经海口港远走南洋各地的海南人。每一个跨洋过海的华侨都是有故事的人，特别是那一幢幢的骑楼，更是历史传奇。

当时，英国、法国两国凭借1858年《天津条约》关于把琼州增开为通商口岸的规定，率先侵入海南。随后，德国、丹麦、比利时、西班牙、意大利、奥地利、美国等国也争先恐后地进行侵略和掠夺。接着，美国、日本、英国、德国、法国、奥匈帝国、葡萄牙、意大利、比利时、挪威等国先后在海口设领事，英国、法国、德国在海口建设领事馆。基于此，不能忽略帝国主义打着"合法"招牌在琼州进行残酷的经济侵略和文化掠夺的历史。

海南华侨在南洋开锡矿、种胡椒、割橡胶，艰苦劳动摧残了他们的健康，换来了南洋的经济发展、市场繁荣。这繁荣的标志之一，就是崛起的一排排热带骑楼。一代人、两代人甚至是三代人，海南华侨用艰苦卓绝的劳动描绘建造骑楼的理想蓝图。多少人含辛茹苦，终于在家乡建起与居住国相类似的南洋骑楼。谁能掂量，这南洋骑楼的每一块砖、每一片瓦，凝结着海外游子多少泪水和血汗；谁能知道，有多少人甚至为之付出了宝贵的生命。

2020年10月底，笔者有幸跟海口市龙华区旅游和文化体育局考察团到深圳南头古城与福州三坊七巷走了一遭，亲眼看到两地对自己城区历史遗址的文化挖掘与创新改造。回想骑楼那整整齐齐、挨挨挤挤的老街的文化梳理，愈加觉得有必要进行历史街巷的文化挖掘。

中山街区是明代海口所城遗址的所在地，是滨城海口之所以成为海南中心城市的文化奠基地。2007年3月，国务院批准公布海口作为国家历史文化名城，就是对骑楼街区和府城传统建筑历史文化街区的批复与认可。然而，当人们深入了解骑楼街区的文化腹地老街古巷之后，更多的是会更正对海口历史文化的人文认知和城市认同，从而产生对老街古巷人文历史的文化敬畏，并深刻领悟城市文明的原动力——这是现代文明城市的文化推动力。

初步踏访，中山街区有不少极其珍贵的文化遗产。比如，居仁坊、人和坊、园内里、西门外四大社区那幽深悠长的古巷，那里是老居民百年情感的归宿地。细数街区人文，有元代兴建的天后宫，有明隆庆年间（1567—1572年）兴建的西天庙，有藏于市区的关帝庙，它们仍保留海口市民的习俗，是文明城市弥足珍贵的人文财富。

东西湖仍然飘荡清代"海上丝绸之路"内港的历史风雨；得胜沙仍在讲述抵抗海盗的英雄故事。中山纪念堂是纪念中国民主革命先行者孙中山先生的文化圣地；邱氏祖宅是中共琼崖一大旧址，是海南革命历史纪念地；而饶园则是旧海口的娱乐

社区。此外，还有马厩、积善庵、冼夫人庙、云氏会馆、潮州会馆、何家大院、吴氏大院、太阳太阴庙等，每一处都是难以重复的不可多得的历史文化遗迹。

以太阳太阴庙来说，那里是百年街区最能够体现市民群体"与大自然和谐、与族群和谐、与自我和谐"的一处人文建筑，是希冀与自然和谐的具体表现。它很好地引导并弘扬了传统文化美德，有利于推进社区文明程度提高和居民人文素养提升，有利于促进"讲礼节，重信用，自觉自律，友善礼让"文明风气的形成，给人以亲切感与归属感……

搜集这些信息令人振奋，这一行为得到了居民的热情参与和鼎力支持，正在继续推进与深入掘进，收获巨大。我们殷切希望领导给予文化指导，恳求给予文化支持。希望通过梳理信息把散落在街区的文化珍珠串成现代城区的文明项链，使之闪耀文明城市的璀璨光芒。

"他山之石，可以攻玉。"可借鉴深圳南头古城和福州三坊七巷的整治经验，创新发展模式，突破改造难题，活化城市文化，注入创意精华，恢复老街灵魂，延续城市文脉，让城区文化与人文景观重现踪迹，让"海上丝绸之路"风帆扬起，让遗存的文化信息活化生命。

每个城市都有独特的历史文化基因，城市在发展过程中要格外珍惜自己的文化遗产，它不仅属于自己，也是全人类的共同财富，我们有责任有义务保护这份文化遗存。

了解海口，热爱海口。希望所记录整理的历史信息有助于骑楼老街的开发建设。

是以为序！

作者
2023 年 3 月

目 录
CONTENTS

永远铭记城市历史

这是一个历史街区，这是海口第一街；这个庞大的骑楼街区是城市的"老祖母"。它包括得胜沙路、中山路、博爱路、新华路、解放路、长堤路等古老街巷；它的覆盖面积大约1.21平方千米，总长4.4千米，共有大大小小的三四层高的骑楼建筑约600栋；还有居仁坊、人和坊、园内里、西门外等老街老巷，那是城市文明的肇始地。

不管哪一刻走进它的怀抱，都会感受到老祖母般的慈祥、亲切和温馨。尤其是长夏的海岛城市，五六个月酷暑的海滨小街，那种感受会更深刻、更强烈。盛夏的太阳像一个火球在头顶燃烧，仿佛一团团火焰扑面而来。烈日熔金，溽热难禁，天地间一切生灵都在躲避滚滚热浪。可是，老街骑楼下的人却满面春风：这里的生意红红火火。

海口第一街——骑楼老街

　　数百年间，海口骑楼老街在椰风海韵的抚摩与海洋风暴的冲击下成长。从城市开始创立到海口所城兴建，从开放琼州口岸到拆城扩建街道，从惨淡经营到获得历史殊荣，海口骑楼老街成了城市发展的一部历史教科书，走出了一条保护与开发的

骑楼老街导览图

现代化城市的发展之路。

在2009年首届十大"中国历史文化名街"评选中，海口骑楼老街以其唯一性、独特性，在众多优秀代表中脱颖而出，与北京市国子监街、山西省晋中市平遥县南大街、福建省福州市三坊七巷等街一同获此殊荣，被列为"中国历史文化名街"。

骑楼老街，城市的"老祖母"

这个庞大的骑楼街区，是海口第一街；这是历史街区，是城市的"老祖母"。

夏日街市，烈日熔金，溽热难禁，天地间一切生灵都在躲避滚滚热浪。可是，老街骑楼下的人们却满面春风。午后豪雨常常不期而至，风狂雨骤，令人猝不及防。而骑楼里风雨无阻，老街上人声喧哗：此情此景，真的应了"雨水生财"那句古话。

这就是热带骑楼，这就是海口老街。从它诞生那一天起，它就一直以这种独特方式，以绵延的临街长廊，拥抱生活在街市里的芸芸众生，保护店铺

骑楼街景

永远铭记城市历史

日常经营，给客人躲避烈日与风雨；既展现热带海岛的商业文明，又体现海滨城市的人文关怀。既亲和，又豪迈。

这老街都是这个模式，这骑楼都是这种风格。从街道与建筑平面布局可以看出，这些老街有我国古代的城市痕迹，都是前街后院、前店后宅、下店上宅，属传统里坊式。可是，从建筑风格看，这些骑楼属于欧洲文艺复兴晚期的巴洛克风格。它立面华丽，装饰细腻，线条流畅，典雅大方，具有浓郁的西洋古典情调。街道两旁柱廊式骑楼铺设了一条商业通道，这种生态模式与海岛的自然环境完美相结合，使老街骑楼显得气势流畅，富有动感。

这骑楼建筑的设计独特，富有个性化、人性化特色。它檐廊宽阔，是街道的一部分，相互连接，相互包容。一条长廊把无数店铺连在一起，营造一个流动性的大众化购物空间。

这是用人文思想构筑的商道：让建筑适应人，让建筑适应自然。它反映了人与自然的和谐、城市建筑与现代商业的和谐；它体现海滨城市特色，富有城市老街文化品位。

不能不佩服海口老华侨的聪明才智与意志毅力，他们呕心沥血，把顽强的生命力、创造力化为建设南洋骑楼的建筑力，创造了这么庞大的历史街区，创造了城市历史的荣誉。

兴建海口所城

最早的热带骑楼就坐落在海口所城之内，它们就肃立在所城南北所街的两旁。《民国琼山县志》记载：明洪武二十年

（1387年），"贼登海口，都指挥花茂奏设城防守"。洪武二十七年（1394年），"都指挥花茂奏筑城防倭"，主要内容是构筑海口所城以拒倭。次年，"安陆侯吴杰委千户崇实兴筑"，海口所城防倭城堡落成。海口所城的东北边濒临大海，外筑石岸九十丈；城墙"周围五百五十五丈，高一丈七尺，阔一丈五尺，雉堞六百五十有三，窝铺十九，辟四门"。隆庆五年（1571年），倭寇突入所城，占据四门。万历十七年（1589年），盗贼陈良德、陈守华、蔡克成及李茂等焚掠兵船，侵入海口所城，继而转掠周边。万历二十年（1592年），盗贼再次侵入海口港，围攻所城，守备王世贤畏敌如虎，居然献出所城关防，使贼人入据大肆劫掠，城内一派狼藉。

当年，海口所城的外围设置环城壕沟，由千户所驻兵防守，构筑可谓坚固，但盗贼势更炽，所城常被攻陷。最初，城内仅有东西所街和南北所街，后来贸易渐兴，发展成5条街。1924年，军阀邓本殷拆除海口所城城墙，扩建街道，所城被毁，不复存焉。

海口所城主要位于今中山街区：东门在新民东路与大东路交会处，西门在新民西路和新华南路接合处，南门在博爱南路与文明路交会处，北门在博爱北路与大兴路交合处。

所城原是海防军事设施，城里驻扎的大多是武官，居住少部分居民。明代的千户府、清代的同知署和参将署都设在西门街。因此，西门街是历代海口市的重要街道，最早铺筑石板路面。衙门对面是马厩，也称"马房"，后来发展成马房村，清代称之为居仁坊。

在建所城前南门外就已形成的双塘尾路，因"双塘"而得

永远铭记城市历史

居仁坊

名。此路途经美舍河支流，常被洪水隔断。明正统五年（1440年），知府程莹在美舍河建迎恩桥，也叫迎龙桥、复龙桥。所城北门外路面临大海，建城之时仅有南面店铺，成化年间（1465—1487年）建起了海口旧公馆，作为"各官渡海驻华之所"。海口港成官渡后，舟楫辐辏，往来如织。

变成繁荣发达的埠头后，海边陆地不断扩大，逐渐建起北面店铺，改名环海路。路北称为环海坊。天妃庙前，辟路通海岸，称大庙前路。洪武时（1368—1398年）庙旁增筑观音山，故也称之为观音前路，就是今日的中山横街。清代开埠后，人口增多，以大庙前路为界，把环海坊划为东西两坊。这时的环海路称为"大街"，是海口比较宽广而繁华的街道。

所城外的东北边水巷口是海口最早的渡海码头之一，古称毓秀坊。当时，码头外出现龙舟墩，是明代海口端阳竞渡龙舟之处。墩上，起初只有4户福建商人居住，建有房屋9间，只留条小巷供人通行，俗名"四九间廊巷"，即今水巷口的二横路。此后，龙舟墩逐渐扩大，水巷口便形成一条狭窄弯曲的小河流。后来兴建龙舟墩桥1座，以便交通。

所城西边城壕外，早期有关厂村和盐灶村。义兴街现存的《重修西天庙碑》记载："盖自隆庆以来，沧桑虽有变易，而灵爽依然。"可以说明，关厂村在明代已是个比较兴旺发达的场所。盐灶村是建在南渡江冲积成的滩涂上的村落，村后龙王庙现有明代"石泉灵应"石碑。

总之，海口所城的创建为后来商埠开辟和街道发展打下了基础。

毓秀坊

开放琼州口岸

清康熙二十四年（1685年），海口所城设置关部，称为"常关总局"，地点在今新华北路。从此，自中山路西口至得胜沙桥的新华北路就称为"关部前街"。当年，关部前兴建一座善善桥，桥梁横跨西城壕连接谷场码头；另外，还兴建外沙桥通往今天的得胜沙路。

得胜沙，古称外沙，即"海口外缠一片平沙"，因而得名。"道光二十九年（1849年），海寇张十五犯海口，把总黄开广带兵战胜贼于此。"咸丰八年（1858年），清政府被迫签订《天津条约》，琼州被辟为通商口岸，允许俄、美、英、法等国在海口设立领事馆。咸丰十一年（1861年），清政府先后与德国、丹麦、比利时、西班牙、奥地利等国签约，"同意"他们与琼州通商，开放琼州口岸。

于是，洋行竞相亮相，洋人弹冠相庆，得胜沙成了帝国主

永远铭记城市历史

义者掠夺海南岛资源和推销本国产品的冒险乐园。光绪二十四年（1898年）海关大楼落成，二十七年（1901年）法国天主教会设立中法医院。至此，得胜沙从大海冲积的天然滩涂发展成清末民初海口比较热闹的街道。

所城之内，南北所内包括北门街、四牌楼街和南门街，经过改造整治铺上了水泥，改名博爱路；后又向南北扩建，为博爱南、博爱北路。东西所内街，东门街道路扩大，西门街因楼房、戏院等建筑较多，扩建受限，整治后称新民路；后分为新民东路和新民西路。

城外东部，拆城之前城壕的东边已建有住宅，后来填沟铺路，从东门至大兴东街叫城脚路。路西是胭脂园，叫胭脂园后街。拆城后沿城边建住宅，在零乱的杂货店间辟成小道，取名大东路。南段从东门至文明东路填沟成为土路，称作文坊路，海南解放后并入大东路。

所城的东北部，拆城之前，龙舟墩已连结长堤东岸的道路，码头不断北移，港口街的码头变成店铺。拆城之后，水巷口扩建，加宽路面，和港口街合并称为水巷口街。

所城的北部，拆城前大庙前大街西段原是土路，称环海坊西。拆城后加宽并入大街，改名为中山路。

所城的东北角，拆城前有一些以打铁为业的手工作坊，拆城后兴建成打铁街，海南解放后改名为大兴东路。原来被称为"臭屎巷"的小街巷，拆城之后与镇海街合并，改名为少史街，海南解放后改名为大兴西路。那里制革业较兴旺，是海南解放前较繁荣的小巷。

所城的西部，拆城之后，新兴街东边和关部前西边建起铺宇，改名为新华北路。青竹街和城脚边路合并，改名为新华南路。得胜沙街拓宽铺上水泥，称为得胜沙路。此外，所城西部城壕外谷街和福兴街合并称振兴街。不管是福兴或是振兴，都是寄托兴旺的意愿。

拆城之后，振兴街、关上街和关尾街

义兴街景

合称为义兴街。永兴街是民国时期东厂村填塘所建街路，故也名塘边路。富兴街和外沙后街原来是外沙溪，它东连海田溪，西经椰子园与盐灶溪汇合，经盐灶港北入大海。填溪成街之后，命名为富兴街，亦寄托有富裕兴旺之意。

开埠之后城内有四排楼街、北门街、南门街、东门街、西门街、牛车巷、马房巷、振龙巷和龙牙巷。城外开始筑路，新增四九间廊巷、三亚上下街、得胜沙街、关部前街、水巷口街、振东街、大庙街、港口街、镇海街、新兴街、义兴街、关尾街、关上街和章兴街。

所城内外，这么多大大小小的街道，共同撑起了开放的"琼州口"的商业繁荣。

永远铭记城市历史

所城拆除之时

1926年，海口从琼山分出，单独设市政厅。拆城之前，海口所城内外的街道大多是五六米宽的石板马路，拆城后扩建成行驶汽车的街道，铺上了水泥路面。

所城南门外兴建的迎恩桥，常常被洪水冲毁。康熙至咸丰年间，先后捐修3次。《天津条约》签订后，所城南外路，车马辐辏，石轧成轨，坎坷崎岖，来往不便。光绪二十三年（1897年），职商邱景祥、林毓杰持薄劝捐修建，中铺大石，两旁夹以石条，宽广平坦。不料迎恩桥被飓风吹跨，水巷口码头崩坏，并同修建。光绪三十二年（1906年），商人周恒昌、占珠园、陈悦丰等募捐补填，并重修南门内直街的石路长约10丈。光绪三十四年（1908年），举人粘世珝劝坊中捐资铺砌东门内街，商行捐资铺砌南北所内街。至此，城内五大街道均铺砌石板马路。

城东门外，清代建成的街道有仙桥路。乾隆五十一年（1786年），吴典的母亲陈氏创建白沙东西两桥。西桥长70余丈，水门21个，称仙桥；不久，仙桥被水冲毁。

三亚坊原为通津坊，后来发展成上下坊。下坊设街虽晚，却是清代比较繁荣的街坊。振东街建城时是汪洋大海，到了明末清初才逐渐形成陆地。清代振东路是今天振东街东段，后来填塘建西段，因两头设有栅门而叫闸门街，拆城之后合并为振东街，亦称闸门街。

东门外街是填塘扩建而成的，明代建城时，塘边路还是海边滩涂。振东街陆地形成后遗留一个大池塘。最初从塘中架设双桥，沟通三亚坊。后来桥塌，道路形成，故而得名。

清朝末年，所城东北角水巷口码头壅塞，海口港码头遂迁长堤路。水巷口西段建成了街道，称为港口街。当年的港口街慢慢形成售米行，贸易兴盛，较为繁华，人气十足。

当年，海口港浮沙壅塞，船不能进，城北滨海的白沙门便繁荣起来。乾隆年间（1736—1795年），白沙门上村先后兴建起兴潮会馆和漳泉会馆；中村建成东街、西街和中街3条街。从会馆碑刻的捐款商号和街道遗迹看，当不下百间商店，可算是海口繁华之地。

所城西门外，沿西边城壕东畔兴建街道，最初只有面向城墙的西边店铺。从中山路西口至解放路口称为新兴街，从解放路口至西门路口称为青竹街，从西门口至文明西路口称为城脚边路。此外，自新兴街至大庙后的巷口建成镇海街，从西门外至青竹庙建成西门外路。

关厂村，清代发展成为东厂村和西厂村。东厂村面临外沙湾，有谷场码头，市场繁荣发达，建起了街道，称谷街。后来向西伸展，建成福兴街。乾隆二十一年（1756年），高州工人在关上建起高州会馆，后来建成了关上街，街南有竹林村。外沙尾兴建成关尾街，谷街南兴建成章兴街。康熙年间（1662—1722年）设立海关

西关内牌坊

永远铭记城市历史

后那一片统称为"关上地区",也称"关厂坊"。

民国初年,海口几条溪河床壅塞,于是填成陆地。谷街后边外沙后街在拆城后建的称富兴街,铺砌上石板条;外沙后改名得胜沙后巷,竹林村西边建成后称龙华路。

所城南部,拆城前城壕内外多是池塘沼泽之地,拆城之后沿城墙边建起中山纪念堂及民房住宅,填平城壕沟兴建街道,称为文明路。

至此,海口城市的框架基本上形成。

城市历史教科书

海口有许多骑楼,这些热带骑楼是"舶来品",又叫南洋骑楼。它始创于意大利,兴盛于南洋各国,及至在海口形成老街,其间只不过100多年的历史。可是,这些南洋骑楼记载着海口城市的开放史、奋斗史和屈辱史。那期间,不知有几多沉重,几多沧桑,几多血泪,几多悲壮!

《海南百科全书》记载:1840年鸦片战争以后,琼州成为帝国主义侵略、掠夺的对象。特别是第二次鸦片战争后,清廷和侵略者先后签订丧权辱国的《天津条约》和《北京条约》,其中《天津条约》规定琼州为增开的通商口岸之一,各国侵略者凭借不平等条约侵略琼州。

帝国主义的入侵使琼州加快沦为半殖民地半封建社会。英、法两国率先侵入琼州,接着德国、丹麦、比利时、西班牙、意大利、奥地利、美国等国也争先恐后加紧侵略和掠夺。

为侵略所需，美国、日本、英国、德国、法国、奥匈帝国、葡萄牙、意大利、比利时、挪威等国先后在海口设领事，其中英国、法国、德国在海口兴建领事馆。他们打着"合法"招牌，在琼州进行残酷的经济侵略和文化掠夺。在帝国主义和封建主义的残酷压迫剥削下，海南不少贫苦民众被迫离乡背井，到国外去当劳工。文昌、琼东（今属琼海）、乐会（今

雕塑作品《侨光》

属琼海）、万宁、琼山（今属海口）、定安、澄迈等地民众到安南（今越南）、暹罗（今泰国）和南洋群岛经营农工诸业，有的做佃农。1876—1898年，经海口港去东南亚等地谋生的就有30多万人。1914—1924年短短11年，往新加坡的移民就有6万余人，还有不少去欧洲和美洲。他们大多数是被当作"猪仔"拐卖出洋的华工。

尽管几乎被榨干血汗，但他们仍满怀梦想和希望，那就是也在家乡建南洋骑楼。有梦想就有动力，有希望就会成功。一代人、两代人，甚至是三代人，海南华侨用艰苦卓绝的劳动描绘了建造骑楼的理想蓝图。几多人含辛茹苦，终于在家乡建起与居住国类似的南洋骑楼。谁能掂量，南洋骑楼每一块砖、每一片瓦，凝结着海外游子的几多泪水和血汗！

海口老码头

港口铭记琼州门户，码头述说海岛历史。

海口，有海有口；海涵万族，口碑千秋。

海口故事，离不开老码头；海口历史，离不开老港口。

历史古城，述说港口历史；文化名城，镌刻码头记忆。

老港口，留下海口人文，留下汉军楼船渡海历史印记；

老码头，你曾经飘荡着"海上丝绸之路"的远洋烟云。

从"开琼第一港"——烈楼港，到宋、元、明、清官渡——海口港；从"海口开埠之港"——神应港，到明代广舟汇集的小英港；从"第一座钢筋混凝土码头"——书场码头，拓展到"海南第一大港"——秀英港……港口码头一直在述说文化名城的历史变迁。

一部海南岛的社会发展史，根本无法离开中原移民的闯海史。不管在任何时期、任何地点，只要触摸闯海文化的任何一条经线或纬线，都会牵动中国历史的横断面。

3000多年以前，中国南方百越的一支——骆越人，怒海行舟，踏浪登岛，第一次在洁白的海滩上踏出了人类的足迹。虽然，这些海南史前原始开发先驱的闯海脚印很快就被海浪抚平，但是海岛历史永远不会忘记，第一代拓荒人——海南先民的闯海足迹。

他们和他们的后继者们，以氏族部落的形式——以"黎峒"为单位，构木为巢，钻木取火，刀耕火种，在千古荒原点燃了人类文明的火种，并由此引发焚山而猎的熊熊烈焰，开始引发海南岛历史性大开发，其间有意无意照亮了海南先民九死一生的拓荒历程。

长夜漫漫，大海滔滔，海岛先民在期盼与守望中煎熬。直至汉朝初年，海南岛仍处在贫困蒙昧的原始状态。汉武帝雄才大略，命伏波将军路博德率楼船渡海，首立郡县。后来贾捐之"议弃珠崖"，到东汉伏波将军马援"复立珠崖"，海南才真正开始历史开发。

烈楼港是开琼第一港，在今海口市西海岸镇海村一带。从徐闻渡海，烈楼港距离最近。《正德琼台志》载："烈楼港，在县西北三十里烈楼都。水自五原铺下田涧流出成溪，至此与潮会成港。按《雷志》：徐闻那黄渡开帆，小午至琼山烈楼，乃汉军渡海楼船布列之处。"

《正德琼台志》还记载："海口港，在县（琼山）北十里海口都。水自南渡大江远处流出，至此会潮成港。今官渡自此达海北。"明代时"秀英"名叫"小英"，1934年建书场码头于小英湾；日本侵琼，建防波堤和栈桥码头；后扩建成秀英港，今称海口港。

《正德琼台志》继续说:"小英港,在城西北十里,山湾浪平。近岁海口、白沙二港浅塞,广舟多泊于此。"抗日战争胜利后,海口辖区扩大,书场码头扩建,称为秀英港。长堤码头淤塞后,秀英港成为主要门户;1973年于海甸溪出海口处扩建码头,称为新港。

秀英区西秀镇拔南村立村于宋末元初,是海口著名的渔村。古村地貌颇像一艘停泊海边的巨轮:面临大海,背靠青山,东北边是东水港,西南边是荣山寮,陆道纵横,水路畅达,交通便捷,环境清幽,素有"双峰处前,镜海镇后,仙桥座府,绿水东流"的美誉。

自古以来,拔南村一直是海口通往老城的水陆交通要冲。全村25个姓,6000多人,和睦相处,安居乐业。近海靠海,以海为田,以渔为活,以海为商,拔南货运船通江达海,近的环岛做贸易,远的到达泰国、越南、印度尼西亚等国及我国香港、澳门等地,做"海上丝绸之路"的贸易生意。时年92岁(2020年)的蔡正山回忆:鼎盛时期,拔南三桅杆货运帆船达23艘。

因为海运发达,造船修船业应运而生,古村码头叫"坎石",约长2千米,设有造船工棚和修船场地。特别值得一提的是,村民爱国主义精神令人钦佩。解放海南时,李宗贵等村民多次驾船,出海接送解放军先头部队。有一次,出海船只被国民党军舰包围,曾冲临、曾庆天、洪永昌、吴翼朋、蔡法明、蔡正昌等6名村民被逮捕,为海南解放而英勇捐躯。

明万历三十三年(1605年)琼北大地震,东寨港一带72个村庄沉入海底。灾后重建,千辛万苦。面向大海,东寨港一带村民顽强抗争,寻求出路。从明末开始,村民造船闯海,到越南、泰国、新加坡等地谋生。清初，东寨港村民下南洋已形成热潮，远洋船从康熙年间的18艘增加至雍正年间（1723—1735年）的72艘，形成了一个船队。

造船出洋，驾舟过海，冲风斗浪，走向世界，海洋赋予村民思维敏捷、心性刚毅、敢于拼搏、坚强不屈的精神性格。康熙三十五年（1696年），村民铙昭聪伐木制舟，从龙尾湾出海，直达泰国北汶的浪港。尔后，该村华侨陈贵福在龙尾湾捐建起第一座简易码头。从明末清初直至民国后期，东寨港的船队远航东南亚一带，闯海做远洋贸易形成了高潮。

面朝大海，扬帆起航，乘风破浪，勇往直前。这是滨海城市居民面对浩瀚大海谋求生存与发展的心路历程，也是海洋历史文化名城、海洋文明城市竞争发展的心路历程。

海口府城的前身是筑于北宋开宝五年（972年）的"海南卫城池"，至今已阅历千年。在全国100多个历史文化名城中，这座统辖200万平方千米蓝色国土的"海南第一城"是"南国边陲第一城"，是"南海锁钥"，是独特的、唯一的，是不可替代的。

因为南渡江的支流叫河口河，因为这条联结海口港与琼台元帅府的黄金水道，使琼州府治从旧州迁至府城。宋代，"海上丝绸之路"航

府城鼓楼

船直达府城东门口，是府治联结外部世界的黄金航道。明代，琼州知府张桓曾拓宽河床，加深水道，使河流畅达。清代，河口河开始淤塞，琼州知府潘思矩思民所想，因势利导，率众治河，新开河道，清淤引流，厥功甚伟，民称善政，该河被百姓誉为"潘公河"。当年，市民为此刻碑立石，可惜年久已湮没。

2000多年的悠久历程，海南岛经历了从原始社会逐渐瓦解并向封建社会转化的漫长的艰难时期。及至有唐一代，闯海的先辈由原初的2万人增至7万多人，海南岛的开垦开始从北部向东部和东南部拓展，逐渐形成环绕全岛的大开发大发展的历史格局。

东坡笠屐图

贬谪官员是海南文化拓荒人。唐初，王义方被贬儋耳吉安（今属昌江），曾招收黎汉学童，讲授四书五经，是历史上首个从事教育的官员。后来，韦执谊、李德裕、丁谓、宋守之、苏东坡、古革、李光、胡铨、赵谦等官员对海南文教肇兴做出了重大贡献。特别是苏东坡被贬琼州别驾，以著书课徒为乐，所著《居儋录》是研究宋代海南的重要资料。《琼台记事录》述评："宋苏文忠公之谪居儋耳，讲学明道，教化日兴，琼州人文之盛，实自公始。"

从史前的骆越人到历代的过琼始祖，一个庞大的闯海群体，怒海行舟，南渡琼岛，建宅立村，落地生根。这是海南岛发展史上最大的闯海族群，其中80%是从福建的莆田渡海，远涉鲸波而来。以海南的吴氏家族来说，其始祖吴贤秀于唐永贞元年（805年）从福建莆田避祸海南，子孙后代于此开枝散叶。1200多年之后，吴氏人口居海南岛的首位。

唐宋时期，过琼始祖中还有韦执谊、辜玑、李德裕、林裕、王居正等人，正是这诸多的始祖及其后裔筚路蓝缕，以启山林，创造了蛮荒海南岛丰厚的物质与精神文明。

两宋时期，海口港开始形成，那是海南岛对外贸易的重要海港，亦是本岛游子离别家乡、出洋谋生的主要口岸。当年，港口就在今日老城的澄迈驿通潮阁。

当年，海口港还未形成，除了南边澄迈东水港的澄迈驿通潮阁外，北边的东营已是琼州一个重要的渔业和贸易港口，这从现在留下的地名可以证明：琼州海峡两岸的渔民把琼州这边的港叫作东营，把广东湛江的霞山称为西营，又把广西的北海称为北营。

所以，海口最早的老码头是东营码头，那里原是盐港，是最大开发的产盐基地。

南宋时期，由于南海大浪淘沙与南渡江的江海潮流的急剧变化，海口浦出现，神应港诞生，人们从那里渡海。至元代，又称该地为海口港。海口市也因此而得名。如果没有港口码头，便没有港口城市，这是由于海口得天独厚的自然地理与生态环境的孕育而最终形成的。

永远铭记城市历史

最初，航海船只停靠在海田，然后改乘小舟沿巴伦河（今称美舍河）直上，到达府城的米铺村附近登岸；尔后，改在渡头村上岸。元代，海口通津村被辟为码头，然后改乘小舟到达海边的红坎坡上岸。当年，图帖睦尔（后来的元文宗）被流放到海南岛，就是从那里登陆上岸的。那时候，将近黎明，晨光熹微，后人为纪念他在那登陆，便兴建了一座天明塔来纪念。

到了明洪武二十七年（1394年），筑海口所城，北门外的水巷口便成了琼州府官渡和繁荣的埠头，琼州的华侨往来亦即由此登岸。《正德琼台志》载：从海口港启航，过大洋可到乌苏密吉浪之洲，南则占城，西则真腊、交趾，东南则千里长沙、万里石塘，东北可到中原大陆。近处则是海安、钦廉、高化、开洋，远处至广州、汕头、福建、浙江等地。

清康熙二十四年（1685年），设常关总局，在今新华北路办理关税和出入境手续。外沙湾（今富兴街和外沙后街）是当年泊船的内港，谷街（今义兴街）是较繁华的集市。海船可以从海口门出海，亦可从外沙河经盐灶港（今华侨新村北端，博义庙西南）出洋，或改乘小舟南达大英山北麓登岸。乾隆年间，海口港道常被浮沙壅塞，白沙门一度成为海口港的码头。

清道光四年（1824年），英国占领新加坡之后，需要大量劳工，

三桅帆船

由琼州至新加坡者日益增加。道光年间（1821—1850年），由琼州至暹罗、新加坡和柬埔寨等国沿岸的帆船每年不少于上百只。大量的航船鱼贯而出，但大多是三桅杆的帆船。

清光绪初，设琼海关，琼州华侨趁机大量渡海出洋。因为当时港口狭窄水浅，上下轮船的旅客和货物都是由本港帆船驳运。琼州华侨出洋必须先从龙舟墩码头步行经过狭长的跳板登上驳船，然后驳运至停泊在琼州海峡停泊处的轮船。其时，风大浪狂，驳船不稳，从帆船登上轮船又是用软梯，老人小孩多用箩筐来吊，那情那景，真令人心惊胆寒！

1912年以后，出洋者日渐增多，据琼海关资料，1918年有1万多人，1927年有4万多人（《海南岛志》）。当时，海口至暹罗、新加坡、越南海防等地的轮船有10多只。码头迁至海口海关堤岸一带后，仍然用帆船驳运出港。

1934年，建书场码头栈桥1座。1939年，日寇侵琼，为便于掠夺海南资源和倾销日货，他们在书场码头栈桥东海湾增建栈桥码头防波堤1条，并改称为秀英码头，但大都是作为军用港口码头。军用码头，那是日寇侵略海南的码头。

那么，商旅出洋，就必须在长堤西路堤岸踏上驳船，再三辗转方能登船。那是一段惨痛的历史。海南解放以后，长堤码头用机帆船运载旅客、货物已不适应形势发展的需要，遂以秀英码头作为海南岛出入的重要门户和对外贸易的重要海港，故亦称此为海口港。

1975年，秀英码头扩建300米重力式码头1座，海轮可直接靠岸。次年，广东省投资在海口另建码头1座，命名为新港。至此，海口港扩建为秀英码头与新港码头。

永远铭记城市历史

　　1983年，交通部投资1000多万元，扩建改建秀英老港区码头300多米以及各项相关配套设备，3000吨级以下客货轮增加5个泊位，使年客、货运量通过能力分别增加9.5万人次和22万吨。1984年，"光华"客轮自新加坡、马来西亚槟城等地直抵海口港，返琼的华侨与外籍华人就有1000多人；同年11月，又增建2个5000吨级泊位码头，码头交通日见方便。

　　2020年，海口港建设规模扩大，秀英港区、海口新港区、马村港区和新海港区四大港区成了"海岛门户"，成了海洋大省的"海运枢纽"。目前，城市快速干道已延伸到港口前的粤海大道，进出港口的交通更加便捷。老码头开始焕发青春丰采。

城市个性

城市个性是指一座城市文化的独特性，是特定地域的自然美和人文美，是特定时段的传统美和现代美，是特定时空的个体美和整体美，是特定环境的自然美和文化美。

可是，现代城市个性已变得模糊，特性已变得类同，城市在逐渐失去应有的人文底蕴。科技进步加快了城市克隆和复制的速度。于是，千人一面，千部一腔，致使很多城市失去了自身的文化特色；于是，一种模式，一种格调，致使市民群体失去了城市记忆。

然而，海南省会海口截然不同，这座滨海城市非常幸运，历史文化名城大美无瑕。2000多年历史，2000多平方千米土地，海口守望大海大江，掩藏稀世珍宝。城市很有个性、很有品位、很有特色，滨城海口的自然生态、人文景观、城市环境有宜人宜民之美。

得天时地利，有天材地宝，海口居民活得滋润，活得潇洒，

活得飘逸。如今的海口位列宜居城市的前列，居于全国20个幸福城市的榜首，城市的知名度、美誉度得到空前提升。更何况，海南进行自由贸易港建设，海口成了自贸港的核心区。

椰城海口的居民是幸福的，这座城市获得了全国历史文化名城荣誉，正以前所未有的感召力和亲和力迅速改变面貌。依托人文历史蕴蓄，海口正凸显"海涵万族，润物无声，口碑千秋，上善若水"的精神内核，彰显无与伦比的滨城之美。滨城海口是老天爷的宠儿，是南海与南渡江共同哺育的港口城市，是举世瞩目的宜居城市、宜学城市、宜游城市。

江海滔滔，惊涛拍岸。据水文资料介绍：南渡江洪水暴发，江岸崩塌，每年冲刷与夹带着50万吨到100万吨的泥土沙石奔腾北下，眼看就要出海，竟然又分出白沙河和海甸溪两条支流，出现三江并流的壮丽景观。于是，三江之水与汹涌澎湃的海浪便旷日持久地你冲我撞，你来我往，半推半就，长年累月，泥

椰城新视觉（蒙传雄　摄）

沙沉积，堆起了一座崭新的海滨城市。

南渡江就像一条奔腾入海的巨龙，而海甸岛与新埠岛——这两个小岛则是巨龙嘴中吐出的两颗明珠。正因为如此，海南才有了这城市的河口滩涂，才多了这瑰宝。的确，没有天地江海偏私，焉能有这块风水宝地？没有大海大江的厚爱，焉能有两颗宝岛明珠？

濒临江海，亲水观澜，这是一种自然感悟；行走海口，触摸骑楼老街，这是一种文化享受。滨城海口，其北面濒临大海，海域面积791平方千米，占全市总面积的25.62%（全市总面积3087.82平方千米，其中，陆地面积2296.82平方千米，占74.38%）；海岸线长160.17千米。

这是一座蓝色城市。滨城海口的城市历史，说到底就是南中国海的沧桑历史，就是海洋开发与海洋防御的艰辛历史。海湾相通，海空万里，这是一个水天相连的广阔的世界。海口湾的东侧是铺前湾、木兰湾，它的西侧是澄迈湾、马袅湾。海口湾是一片辽阔的海域，是海南岛北部地区的宝贵海洋资源，是不可多得的宝贵的国家自由贸易港的海洋资源。

这是一个文化空间，这也是一个旅游空间，这更是一个经济空间，由于有海口湾的辐射与带动，将催生城市发展的巨大效应，将使城市在蓝色海洋的呵护下迅速拓展。

如果做一番文化旅行，走进海口文化历史时空，探访海湾与港口，追溯文化名城历史源头，挖掘城市文化遗址；踏访城市人文历史遗迹，寻找悠远的蓝色文明曙光，体悟海口先辈"以海为田，耕海牧渔"的生活况味，可以领悟城市的旷世之美。

永远铭记城市历史

旷世之美就是宝贵的财富，是发展海洋经济不可多得的极其宝贵的自然资源。

因为相中了这方宝地，海南卫城池才从旧州迁移到这。也是因为这旷世绝伦的海洋资源，使海南卫城池成了"海南第一城"。

还有海甸岛，原名叫"海田"，那是一个小渔村，是港口城市的原点。从滨海城市开埠至今，那里一直是财富的洼地，人文宝地。

海田，是海洋地理、海洋经济和海洋文化所衍生的特殊名词，它特定的文化内涵是"以海为田"。我国东南沿海地区有不少以"海田"为名的村庄，但是，把一座小岛命名为"海田"的却绝无仅有。先哲前贤以地名为符号，记录了"耕海牧渔"的城市人文历史。

史载，宋代海田名叫"海口浦"。其时，琼州官府已在那里设置琼山县儒学，海田成了海口文化教育中心。就在贬谪官员惊叹"崖州何处在，生度鬼门关"（杨炎《流崖州至鬼门关作》）的时候，商家已满载货物、扯满风帆，悄然驶进了白沙港。因此，海田成了航运中心，成了商贸中心。

海田有个姐妹岛，名字叫作新埠岛。史书记载："新埠，海中岛屿也。"显而易见，"新埠"是相对于设在宋初的白沙街形成的"老埠"而言的，那是白沙港的"外埠"。后来，白沙港被流沙淤塞，航船被堵，便逐渐把"外埠"开辟成装卸货物的滨海城市的新港。

于是，港口拓展，向外推进，海甸岛被誉为"翡翠"，而新埠岛则被誉为"玛瑙"。这两座明珠般的小岛，就像美丽海口的水灵灵的大眼睛，具有不可比拟的迷人之美。

及至明代，明太祖朱元璋用"南溟之浩瀚，中有奇甸，方数千里"（《劳海南卫指挥敕》）来形容琼州，并极力赞扬琼州民众"习礼仪之教，有华夏之风"。为此，朱元璋特地做出升格琼州为府的决定。在制定设立州县大小城池、兴教育才、发展农桑、兴修水利等措施的同时，朱元璋还下旨构筑海口所城，全岛设立11处卫所，增设所兵。从机构升格为府治，到军事防卫的加强，奠定了滨海城市的发展基础，在历史上形成绝无仅有的盛大的历史文化格局。

到了清末，北部湾的局势危急，两广总督张之洞视察琼州海防，他看到海田一岛，扼海口之咽喉，为琼州之门户，位置特殊，形势险要，遂改"海田"之名为"海甸"，可谓用心良苦。所以，审视海口城市年轮，不能忽视海田在城市历史上的特殊地位。

《说文解字》云："甸，天子五百里地。"《尚书·禹贡》曰："五五百里甸服。"孔安国传："为天子服治田也。"张之洞为国效劳，他以"海甸"为名，用以表示坚决捍卫领海、保卫海疆的赤胆忠心。他这样说了，也这样做了。海甸岛的"甸"字，还兼有"南溟奇甸"的深刻意蕴，文化意义非凡。

海南名贤丘濬在《南溟奇甸赋》的序言中这样说：太祖视之以"畿甸"，褒之以"奇"，寓有深意。后来，张之洞在海甸岛的旁边兴建镇琼炮台，再建成秀英炮台，形成守卫琼州重镇的掎角之势。从海田到海甸的战略蜕变，铭记滨海城市的海防历史。

其实，叫海甸岛也好，叫新埠岛也罢，对于这方港湾、这

永远铭记城市历史

处宝地的先民来说并不重要，重要的是怎样"耕海牧渔"，怎样靠海用海，管海护海，以利民生。老百姓看好海口优良的港口，所以宋元时期从闽粤浮海而来的商家有不少人选择在海田落籍。

近海靠海，以海为田，耕海牧渔，这是滨城海口的文化基点，也是港口城市的商业原点。自古以来，滨海之民，以船为家，以海为生，以渔为活，以海为利，煮海为盐……生存与发展离不开海。江海孕育，诞生海口，以海为田是海口先民的生存历史，以海为田是滨海城市的人文印记，以海为田是港口城市的发展历史。海口，就是在岁月流逝中成长。

滨海城市，利在海湾；近海靠海，以海为田；港口发展，以海为商，海港经济，引人瞩目。滩涂肥沃，物产丰饶；海运便利，商旅畅达……得天独厚的自然环境，使海港成了历史的商埠。必须指出，这处海舶辐辏的海港，当年就是海南卫城池的外港，是南宋时期形成的良港。北宋时期，海南岛与雷州半岛的官渡在澄迈老城的东水港，叫"澄迈驿"。唐宋时期，被贬崖州的宰相韩瑗、韦执谊、李德裕，还有鉴真、苏东坡等都在那登岸或离岛。

及至南宋，水文地理变化，政治经济中心位移，南渡江出海口港湾辟成商贸港口，才逐渐成为过往琼州海峡的官渡。南宋建炎元年（1127年），朝廷设立星轺驿于白沙口。

北宋熙宁年间（1068—1077年），琼山县治搬迁，并附廓在琼州府城。府衙与县衙都集聚在府城，人气逐渐旺盛，为此，邻近州府的外港白沙津也越来越繁荣，位置显得越来越重要。到了南宋乾道年间（1165—1173年），广州市舶司在琼州府城设立市舶分司。

南宋淳祐八年（1248年），白沙津被浪涛冲刷，流沙逐渐消失，海港不仅渐宽，而且逐渐加深，可以泊船避风，便利补给、中转，市民以为是"海神"所赐，故命名"神应港"。当年，停泊在神应港的航船经河口河直抵琼州府城东门、南门，航运便利，促进了古城发展。

海口南洋骑楼老街展示馆

客观地说，这并不是"神赐"，而是与海口湾的特殊海流洋流有关。据了解，海流受琼州海峡往复型潮流控制，潮汐为不正规涨落，平均潮差1.1米，最大潮差3.6米，台风暴潮最大增水2.41米。正是这种独特的台风暴潮导致白沙港流沙顿然消失，港口加深。

到了元代，以白沙门为中心的早期商业街兴盛一时，渐聚渐多的闽广客商开始在白沙门兴建天后宫。

明洪武年间，海口所城建成，商家逐渐在城内和周边设铺开店。至清道光年间，历400余载，海口逐渐发展成为海南重要商埠。

清初，清政府加强琼州海峡防卫，在海口所城增设琼州水师副将署、海口水师营中军守备署、军装火药局等机构；又从府城迁移琼山县丞署、抚黎同知署等机构至海口所城。《万历琼

州府志》记载：早在北宋庆历年间（1041—1048年），海南岛已招收广南巡海水军，加强海上防卫；到了明隆庆年间，明穆宗朱载垕开始在白沙港设立水军营寨。当年，广东已设置备倭巡视海道副使巡查琼州海峡等处。所有这些军事防御，特别是海口所城的构建、南洋骑楼老街的形成，对百姓安居、商埠发展起到了安全保障作用。

同时，港口拓宽，泊船增加，促使海运便利，反过来又促进滨城海口的港口开发。《琼州府志》记载：海口港在海口所城北，距离府城10里。港内宽深，可泊船数十。从此，官渡自此下船到达海北；至此，海南与海北之间的官渡从北宋时期的澄迈老城移至府城近郊的白沙港。这一重要位置迁移，使白沙津港口空前发展，同时也促使琼州府城空前兴盛。

海舶辐辏，使"以海为田"的意义发生历史性的巨大变化，对港口城市的形成发展奠定了坚实的基础。岁月洗涤，海水冲刷，使"洁白沙滩"的本义向外延，使白沙门商埠向海外延伸，并由此衍生白沙河、白沙口、白沙门、白沙津、白沙港、白沙街等"文化符号"。于是，白沙门这一片河口海岸，开始成为闻名遐迩的、北部湾海上航线不可或缺的商业港口。

海湾优势，利在海运，于是造船业勃兴，成了海口港口的重要产业。《琼州府志》记载：万历四十五年（1617年），于白沙寨立厂，取材于本地方……其时，白沙水寨并前左右司有兵船63只，有官兵1762名；总寨兵船37只，有官兵938名。白沙港有兵船24只，官兵604名。

海口造船业的发展，白沙水寨兵船的严密防卫，有利于船舶的安全航行，促进了商贸业的顺利发展。明代，实行市舶与贡舶互市制度，"海外诸国入贡，许附载方物与中国贸易。因设市舶司，置提举官以领之"（《明史·食货志五》）。虽然海南并没有获得贡舶停靠的特许权，但是并不因此影响港口贸易、货物中转、避风和补给的地位。清康熙二十三年（1684年）废除海禁，开关贸易，并于第二年设立了粤、闽、浙、江海关，海口的港口航运开始出现新的转机。

粤海关设立有7个总口，管辖50多个关口，海口是总口之一。从清光绪二年（1876年）设立琼海关，到1926年海口设市，海口港商埠迅速发展，街区向外延伸，开放格局初步形成，滨海城市逐渐呈现出港口货流通畅和贸易繁荣的盛况。

琼海关侧楼

永远铭记城市历史

老街印记

天地玄黄，宇宙洪荒，洪荒有源，源于大海。

海南岛环海，海洋孕育海岛，海洋孕育海口。

孔子曰："道不行，乘桴浮于海。"（《论语》）其实，圣人还未说，已有星槎渡海。

千年浪淘波簸，是谁先到天涯？从港口初开到帆船初到，从市舶贸易开辟到街市兴盛，海口湾敞开心怀热烈拥抱远近航船，海口浦无限热情地迎送那些来往舟客。

元末明初，水巷口已开始成为官渡，成了海口最早的渡海码头之一。

因为这个官渡，出现了从水巷口到红坎坡之间海口最早的南北大道。因此，被奉为"海上和平女神"的"天妃"也被立庙于此，选址在水巷口附近。明洪武二十七年（1394年），构筑海口所城，水巷口的渡口成了海口所城的北门外路。明成化年间，水巷口兴建海口旧公馆，成为"各官渡驻节之所"，形成繁荣发达的琼州港口。

因为这个港口，水巷口成了海防重地。当年，就在水巷口的不远处，那是牛矢港的所在位置——因为过往水牛多而得名，同时，这也是海口最早的东西炮台所在地，明王朝在此布置数门大炮，加强海疆防卫。20世纪70年代道路扩建，这里曾出土明式大炮1座。

后来，海边陆地逐渐扩大，逐渐建起北面店铺，改名为环海路，路的北面称为环海坊。天妃庙前也新辟大庙前路，即今中山横街。后来，码头外面出现龙舟墩，成了明代海口龙舟竞渡的热闹场所。当年，墩上有4户福建籍商人居住，建起了9间房屋，仅留条小巷供人行走，时人称之为"四九间廊巷"。今日水巷口的店铺大多是沿海岸线兴建的。

清末民初，水巷口码头堵塞，港口往外迁至长堤，水巷口西段建成街道，称为港口街。原海口所城的西边，拆城之后在新兴街东边和关部前头西边都建起了店铺，街道扩大后改名为新华北路，与中山路相邻，而中山路的另一端与博爱北路相接。也就是说，老海口的旧城区都是围绕中山路的老街骑楼扩建而成的。从这个意义上讲，中山路是城市的"老祖母"，不管海口今后发生多大变化，中山路永远是城市历史的起点，永远是城市文化的视点。

海口市乡土文化发展研究会以乡土文化研究为己任，长期以来以高度的文化自觉，坚持乡土文化探索，坚持对城市原点、历史起点、人文热点、文化视点展开深入细致的研究，掌握了大量的历史素材、文化元素。2016年，海口市乡土文化发展研究会曾以历史为根，以文化为魂，以惠民为本，以务实为要，

永远铭记城市历史

对中山街道历史进行文化梳理。经过1年多时间的努力，已初步整理出80多个鲜为人知的、富有深刻人文意蕴的老街印记，中山传奇。

其实，老街初建，最早是东西所街和南北所街，它们就在海口所城之内，那是当时称为"四牌楼"的场所。当年的海口卫所防备森严，四牌楼内除了原先的住户外，就是担任所城防卫的武官。尔后因为贸易渐兴，发展成为5条街，不过限于现实，规模并不大。

说来最早应是海口所城内面的居仁坊以及周边的房屋，它们位于四牌楼的拥抱之中。也许，当年建海口所城的时候，它们早已存在了，是一些常住居民的住所。当然，从现在的辖地管理来说，属于中山街道管辖范围。也就是说，现在中山街道管辖的范围就是老街骑楼的所在地。虽然有一部分属于博爱街道，但总而言之老街骑楼大多属于中山街道。

中山街道是后来的名字，是因孙中山而得名。当然，它也属于博爱街道，那是地理迁变后的名词，就如王克义的故居联桂坊，以及他因置地建庙而留下的历史凭证。当然，更多是属于海口老街老巷。从这个意义上讲，骑楼老街根在海口，根在中山和博爱街道。

海口所城

不敢想象，海口有一座古城，就在现在的骑楼老街，就在旧城区的市中心。

是的，古城叫海口所城，建于明代，现在已经拆除了，已毁于1924年的海口拆城扩建之中。非常可惜，一座历史名城的重要建筑就这样毁掉了，历史的遗存也消失了，消失得干干净净，不留下一点踪迹，只剩下典籍里熏黄的历史记载。

为什么建海口所城呢？当年海口离府城那么远，凭什么说唇亡齿寒非建不可？

那是明代，倭寇猖獗，沿海百姓，岁无宁日。洪武二十七年（1394年）"都指挥花茂奏筑城防倭"，主要内容就是构筑海口所城。第二年，"安陆侯吴杰委千户崇实兴筑"，海口所城构筑大功告成，防倭建筑胜利落成。

当年构筑的所城到底是怎么样的呢？

《民国琼山县志》记载：所城东北边，面临大海，外筑石

永远铭记城市历史

《正德琼台志》关于海口所城的记载

岸九十丈；城墙"周围五百五十五丈，高一丈七尺，阔一丈五尺，雉堞六百五十有三，窝铺十九，辟四门"。

所城外设环城壕沟，由千户所驻兵防守。原先，城内只有东西所街和南北所街，后因贸易渐兴，发展成5条街。当年所城规模并不小，也颇有气魄，只是街道狭窄。

海口所城位于今日中山街区：东门在新民东路与大东路交接处；西门在新民西路和新华南路交合处；南门在博爱南路与文明路交叉处；北门在博爱北路与大兴路交会处。

海口所城东北面海水滔滔，波浪滚滚，海浪是天然的防卫。从空中俯视，所城大体呈正方形，原先只有南北两条小街。后来所城扩建，四牌楼兴建成十字街，形成了5条街，分设4个城门，如今的老人仍然记得所城旧城门。大海仍在，但已离得很远了。

所城东门

建城之时，城中只有东西所路和南北所路。史载，明弘治年间（1488—1505 年）"四牌楼在海口所城兴建十字街"。其时四牌楼至东门口叫东门街，东北隅的水巷口是海口最早的港口。后来，逐渐建起铺面，那是泥沙堵塞之后沿岸兴建的，当时称为毓秀坊。

清光绪三十四年（1908 年），乡贤粘世玿劝坊中大户捐资铺砌东门内街。其时，商行受影响也捐资铺砌南北所内街。至此，城内五大街道均铺砌成石板马路。当年，东门城外有乾隆年间编修吴典母亲兴建的仙桥——由于水势旺盛，冲毁桥梁，一再翻修后称仙桥。

仙桥虽反复修葺，但屡毁于水患。后来，陆地形成，沿桥边路道修建房屋，称仙桥路。东门外街是填塘扩建而成，塘边路也同样是填平"双塘"建成。拆城之后，东门到大兴东路叫城脚路，西边是胭脂园，也叫胭脂园后街。后来，沿城墙盖房形成的街道叫大东路。

所城的东北部，龙舟墩拓宽后连接长堤东岸，码头向北迁移，向水巷口逐渐填建。到清末，海口港迁往长堤，水巷口经拓宽后铺上了石条，连同港口街合并称为水巷口街。至此，所城的东门开始蜕变，向城外拓展，变成了街道，成为今日振东路，也叫作闸门街。

所城东门，它的遗址在现新民东路与大东路的交会处。水巷口码头消失之后，如今在路口建起了书店，旁边几条小巷依然很热闹，门外建起骑楼美食店，颇受食客青睐。

永远铭记城市历史

得天时地利，长堤路也拓宽了，恰好用上了拆城石条，砌筑起长堤路的堤岸。从长堤路进入骑楼老街，车水马龙，匆匆忙忙的行人根本无法知道，这里原是所城的东门。

所城西门

四牌楼至西门口的路叫西门街，这是海口所城的重要街道，古往今来一直是热闹繁华之地。明代千户府、同知署、参将署均驻扎西门，所以西门也是最早铺设石板的街道。署衙的对面是马厩，原叫马房村，后改称居仁坊。

所城西门陆续建起面向城墙的几间店铺，街道漫漫延伸，从今日中山路至解放路段叫新兴街；从西门路口至解放路口那段叫青竹街；从西门至文明西路口叫城脚边路；从新兴街至大庙后巷口叫镇海街；从西门至青竹街，当年称之为西门外路。

西门外路边关厂村后发展成东厂村和西厂村。东厂村的外面是外沙，建有谷场码头，建成的街道称谷街，当年街道繁荣。尔后，向西

章兴街

伸展，建成新兴街。关厂外后来建成了关上街，再拓展成竹林村，外沙后面构筑关尾街。后来，谷街的南边也建成章兴街。

所城外边的外沙，即后来称为得胜沙的地方，于咸丰八年（1858年）《天津条约》签订后被开辟成通商口岸，随后法国天主教会在此建起了中法医院，1914年兴建中国银行办事处，1935年建起"五层楼"和海关大楼新楼，1942年建起了邮政局，成了热闹街区。

所城西门在今新民西路和新华南路交叉处，如今仍是热闹之地。所城外沙——得胜沙早已建成步行街，成了全市最大的衣服批发零售市场。西天庙是繁杂的菜市场，其热闹程度几乎至摩肩接踵的地步。当年的中法医院成了海口市人民医院，继续肩负救死扶伤的神圣使命。

所城南门

四牌楼至南门口的街道叫作南门街，也称南北所内街，在所城外已形成双塘尾路。这里是海口至府城的必经之路，因为美舍河支流阻塞，通行道路每每被洪水隔断。明正统五年（1440年），琼州知府程莹在此地兴建南门大桥，也叫迎恩桥、迎龙桥，方便游客通行。海南解放之后，流经南门街的美舍河已经改变河道，但是这里仍残留有南门大桥的遗迹。

拆城之后扩建马路，南门街路面铺上了水泥，街道开始拓宽，改称博爱路；后来再次延伸，拓展为博爱南路与博爱北路。拆城之前，南门外城壕的周边多是沼泽地，后来填平沼泽，建

起中山纪念堂。新建的纪念堂富丽堂皇，雄立于填濠上，在文明路旁边。

当年，因为地形地势影响，新修的文明东路层层障碍，拓宽受到限制，而文明西路就比较顺利。在文明路扩建之前，这里是园内里，原先是海口居民的聚居之地。博爱南路向前延伸，直通海府路，沿路新盖了商业街，成了批发日杂商品的主要街道。

所城北门

四牌楼至北门口的街叫北门街，建城时濒临大海。明成化年间，新设立海口旧公馆接待南来北往的客官。因此，这里成了官渡，人员纷至沓来，慢慢变成热闹码头。由于山潮水变，陆地逐渐扩大，商家便在此逐渐兴建铺面，一时人声鼎沸。

拆城之前，这处叫环海坊。再后来，这里建起了天妃庙，新修道路通向海边，叫大庙前路。洪武年间，这里又构筑了观音山，故也称为观音前路。至此，这处成了热闹场所，成了环海路。以路为界限，分东西两坊，这里商业兴盛，街道日渐繁华，人们称之为"大街"。

拆城之后，环海路加宽，改名为中山路。由于陆地面积不断扩大，拆城后的石条用来筑长堤的堤岸，构筑了长堤路，这一片便成了海口的新港口。原先仅有的一些小作坊，拆城后兴建了打铁街，也叫大兴东路，而市民则称之为"臭屎巷"。后来与镇海街合并，改称少史街。

1924年，军阀邓本殷拆除海口所城城墙，扩建街道，所城被拆除净尽。如今，虽然海口所城消失了，但新建的"西关外牌坊""西关内牌坊"的历史遗址已耸立起来。

当年，在海口所城生活的居民根本不会想到，今日所城旧址会成为"中国历史文化名街"之一，成为令人羡慕的"网红"街区。这就是生活，所城在时不珍惜，失去了又觉得可惜。

少史巷

不过，也没什么遗憾。海口所城所体现的全市人民众志成城、团结御侮、保卫海疆的信心与决心必将激励更多市民更加热爱海口，热爱海南，热爱祖国。

了解海口，建设海口，从海口所城开始。

永远铭记城市历史

品味骑楼老街

老街骑楼是滨海城市的起点，海口文明的亮点，城市旅游的文化热点。

在2009年首届十大"中国历史文化名街"评选中，海口骑楼老街以其唯一性、独特性，在众多优秀代表中脱颖而出，与北京市国子监街、山西省晋中市平遥县南大街、福建省福州市三坊七巷等老街一同获此殊荣，被列为"中国历史文化名街"。

数百年间，海口骑楼老街在椰风海韵的抚摩与海洋风暴的冲击下成长。从城市混沌初创到海口所城兴建，从开放琼州口岸到拆城扩建街道，从惨淡经营到获得了历史殊荣，海口骑楼老街成了城市发展的一部历史教科书，走出了一条保护与开发的现代化城市的发展之路。

文化明星王克义

　　海口浦，海口商业的肇始地，南宋番舶的聚集地，琼山儒学的所在地，宋元水军的驻防地。明洪武二十七年（1394年），筑海口所城防倭，择址就在海口浦。

　　谈海口城市的文化历史，海口浦是一处撇不开的话题。而王克义是海口浦的文化明星，他于明永乐四年（1406年）登丙戌科进士，是科举时代的海口浦唯一的一名进士。

科举时代海口浦的唯一进士

　　《道光琼州府志》卷三三《人物志一·名贤上》记载："王克义，琼山海口人。永乐乙酉乡荐，丙戌进士。授崇仁知县。大臣以博学宏词荐，至则增减宋词科试之，果中式，升都官。寻出为建昌推官，所至有廉能声。其试《蓬莱春晓歌》为时传诵。祀乡贤。"

府志惜墨如金，寥寥几笔，记录王克义功名业绩，留下海口浦人文历史。

600多年过去了，当年海口所城东墙下的滨海小渔村，现已发展成为现代的滨海新城海口市所辖美兰区博爱街道办事处繁荣兴盛的新街区。虽然仍沿用王克义故里联桂坊的名字，但如果没有府志家乘记载，料想没有几人会记得海口浦的文化明星——王克义。

王克义，博学多才，《民国琼山县志》收录有他的诗作《蓬莱春晓歌》。

其歌曰：

> 碧云初散扶桑树，六龙已驾羲和驭。
>
> 海上神山晓色分，琪花瑶草湿香雾。
>
> 双双彩凤栖梧桐，嘤嘤相应朝阳东。
>
> 四海花生尽苏息，万国如在春风中。
>
> 忆得当年来上国，棘闱鏖战文场屋。
>
> 琼林宴罢醉扶归，不让当时步瀛客。
>
> 厥来出宰十八年，于今奉诏还朝天。
>
> 上林春色正明媚，百花灿烂争芳妍。
>
> 自喜生逢尧舜世，愧乏涓埃酬圣帝。
>
> 吟咏非才丹泪垂，张作狂歌歌舜治。

古人比喻海南岛为"蓬莱"，赞美海岛是"海上神山"。因为如此，王克义作《蓬莱春晓歌》讴歌故乡海南的大美景色。出仕18年，回归故里，恰是"上林春色正明媚，百花灿烂争芳妍"时。王克义感慨万分，生逢盛世，感念圣恩，故作歌赞颂

品味骑楼老街

太平盛世。

回乡之后，王克义徘徊故里，流连山水，做出置地兴建天妃庙的文化善举。

置地兴建天妃庙

除府志县志之外，人们更多是从"奉宪给照"碑刻了解乡贤王克义的义举。

王克义的故居位于今海口市美兰区博爱街道博爱居委会的联桂坊。600多年之后，故居经风吹雨打，早已房屋倾圮，但断墙断梁依然残存。故居东侧墙根下那方立于明永乐十七年（1419年）十二月十一日的"奉宪给照"石碑仍在，仍然在讲述当年置地建庙的往事。

"奉宪给照"碑

石碑记载了王克义置地重修天妃庙的事迹，由琼山县正堂颁刻立碑。历时601年（2020年），"奉宪给照"碑文依然字迹清晰，文采斐然，令人感慨。现特辑录碑文于下：

特授琼山县正堂加十级记录十次：为广建庙宇，以地换地，给照为据，以昭永远事。为推海口所城在郡北十里，洪武二十七年都指挥花茂奏请防倭，二十八年吴杰鸠工创造，而天妃庙建于城北。彼时，其庙狭小。永乐十六年，参将挥中铭增广，其城东北临海增筑砌石，并合商民谭海清等承建天妃庙宇，具呈请州府宪主，与进士乡贤王克义置地广建庙宇，移自该地。自宋来琼，始祖居正公所遗旧址房支众多，非一人能主意，不允府宪。合商民权，将官地海口南正中央坡分开东西两翼，许正菖蒲地、荔枝坡地，合三地与王克义兑换处海口之地。乙应议官米九斗三升，正具文申详通禀上宪批准给照等由兹奉批，前来遵例发给。自后王家依照管地，恐年久无凭，执照为据。

永乐十七年十二月十一日给发

碑文记录了天妃庙始建于白沙津，明代迁建于城北，乡贤王克义深明大义的史实。在此同时，碑文还记载了海口城市历史的变迁，说明王克义置换土地建庙的具体缘由、应给予的补偿数额及管地依据。

看来，当年琼山知县还是善理民事，给照为据，并非贪赃枉法之徒。

《正德琼台志》记载，明代海南有天后宫12座。《琼州府志》记载："天后庙，一在白沙门，一在海口所；元建，明洪武间屡葺。"海口天后宫建于元代，供奉天后娘娘。那是城市的开埠之时，也就是说，从形成小渔村的时候起，天后就是海口的保护神。

天后原名林默，也叫妈祖；"天后"是官府给她的封号，"妈祖"是民间对她的尊称，沿海地区信众尊之为海上保护神，习惯称作天后娘娘。北宋建隆元年（960年），林默生于福建莆田湄洲。历史记载，林默仁慈善良，见义勇为，扶危济困，受

品味骑楼老街

人敬重。

北宋雍熙四年（987年），林默因救助渔民遭海难，羽化升天，乡亲们怀念她，便修庙奉祀。此后，出海人纷纷传说狂风恶浪中有一红衣女子现身救助。开初，人们奉她为"通灵神女"。宋人刘克庄说"灵妃一女子，瓣香起湄洲"（《白湖庙二十韵》），说明了这一史实及其肇始之地。尔后，文人歌咏，皇家称颂，历代朝廷给了她诸多封号，使之成了人们远涉重洋、战胜海难的精神支柱。

海口"天后祀奉"被列为国家级非物质文化遗产

当年的天妃庙，即今日中山路87号天后宫，位于骑楼老街范围内。查"天后褒封"的历史：康熙二十三年（1684年）御封"护国庇民妙灵昭应仁慈天后"，天妃庙改名天后宫。

天后宫始建于元代，原在环海坊，现已有700多年的历史，是海口人民为纪念海上保护神妈祖而建。《民国琼山县志》记载，元代海口建天妃庙。明洪武年间，商人谭海清等捐款修建后寝屋，并筑观音山及供奉诸神像。清雍正七年（1729年），监生陈国安、生员杨凤翔等募捐建大门。清乾隆十一年（1746年），陈国安又募建庙前铺屋10间，岁收租银，以供香火。清咸丰十年（1860年），天后宫再次维修。经过几番修缮扩建，已成为海南历史年代最久、规模最大的妈祖庙。后来，抗日战争时遭受日军轰炸损坏。

海口天后宫，当地人习惯称之为"大庙"。海南岛是"海上丝绸之路"的必经海道，鉴于海上贸易航运的发展，妈祖信仰也流传到了海南。天后宫内珍藏的《天妃庙田记》的石刻碑记，是这座行宫的镇庙之宝，上面记录的碑文向世人披露了天后宫的另一段历史。

2013年，海口市政府启动天后宫的修缮保护规划。财政拨款修缮之后，天后宫焕然一新，房屋里外，壁画浮雕，栩栩如生，整体建筑，庄严大气，古色古香。天后宫占地面积约有1400平方米，分前庭、正殿和两侧厢房，是海口现存为数不多的古建筑之一。

天后宫内殿悬挂"神昭海表"的匾额，原为清雍正四年（1726年）皇帝御笔亲字。这是一方复制品，但却是全国历史文化名城的重要的文化载体。与白沙门上村天后宫一样，海口天后宫已经成为中华妈祖文化的重要组成部分，承载着老海口不可分割的城市文脉。

天后祀奉是一项以宫（庙）为主要活动场所，以海岛习俗

天后奉祀

品味骑楼老街

和传统庙会为表现形式的崇奉颂扬妈祖的民俗信仰活动。天后祀奉于元代已在民间形成，至今已阅历7个多世纪。其活动形式极具民间信仰的代表性，故被国务院列为国家级非物质文化遗产。

　　每逢妈祖诞辰（三月二十三日）和忌日（九月九日），海口各天后宫都会举行盛大的祭典活动，人们仿照母亲的形象，创造了一个令人敬而亲之、亦神亦人的神祇，将母亲的大爱集于妈祖的身上，供人们祭拜。从元代延续下来的天后祀奉活动，集中体现了海口民众对妈祖精神的景仰和对人类美好生活的向往和追求，成了滨海城市极其珍贵的文化活动习俗。

古庙天后宫

曾有学者评说：海南文化是女性文化，是以冼夫人为代表的巾帼英雄文化。可是，海南岛并非只有冼夫人，还有以海洋文明为代表的天上圣母妈祖，她也是人们崇拜的楷模。

宋元时期，天上圣母随广东、福建等地商人浮海来到琼州，天后宫开始在沿海地区兴建。那是以海洋文明为崇拜对象的神灵，是以妈祖为代表的海上和平女神的女性文化。

《正德琼台志》记载，明代海南有天后宫12座。《琼州府志》记载："天后庙，一在白沙门，一在海口所；元建，明洪武间屡葺。"白沙门天后宫建于元代，供奉天后娘娘。那是城市的开埠时期，也就是说，从形成小渔村的时候起，天后就是海口的保护神。

700多年过去了，白沙门古庙里仍保存有一艘雕刻"天上圣母"字样的石船。白沙门村民说："这是庙藏珍品，镇宫宝物。"的确是宝物，看船身上那栩栩如生的双龙，几百年间一直不停

品味骑楼老街

不息地"戏珠",就可以理解人们孜孜不倦的追求和寄托龙游大海的期望。

这种追求和期待,集中体现在金殿上那座天上圣母的雕像上。那就是被尊为"天妃""天后""妈祖""妈娘"的海上守护神。仔细端详眼前这位年轻美丽的"圣母",只见她头戴凤冠,身披黄袍,面如傅粉,眼如点漆。就是这位妙龄少女,她从守护本土到护佑航海,到走向世界,经历了1000多年的风浪;从"侨迁"白沙门至今也经历了7个多世纪。

这位天上圣母,她熟悉这方水土,了解这里的百姓,早就被白沙门村民尊为"婆祖"。每逢圣母诞辰,白沙门古庙就成了热闹的地方。庙里圣殿上方有一块"慈云广被"的牌匾,是清道光年间广东水师提督吴元猷所敬赠。吴元猷是海口市琼山人,幼时失双亲,被招入海口水师营后,因追剿海盗有功,从伍长升为龙门千总、崖州副将。当时江洋大盗张十五、刘文楷骚扰百姓,危害治安,元猷巧施妙计分别将其招抚和缉拿,维护琼

海口天后宫

北地区的社会治安，由此声名鹊起。后升为广东水师提督，防守广州虎门要塞，出入风波，身经百战，屡建奇功。

据说，有一次吴元猷海上遇险，狂风恶浪，战船眼看就要沉没，危急中他呼喊天后，不久便化险为夷。后来他到天后宫朝拜，特地赠送这块黑底金字的牌匾。吴元猷是否特地赠送牌匾到白沙门古庙姑且勿论，因为它所牵涉的已不仅仅是信仰问题，还有心理学、社会学、民俗学、政治学、民族学、经济学、文化学等复合的学科，是比较复杂的问题。

白沙门有3座天后宫，其中一座已夷为平地，另一座也已殿堂倾毁。现存的中村天后庙即元代所建的古庙，虽然现在已修葺一新，但相比之下，却是3座天后宫中最小的一座，不过也是最有历史文化价值的一座。也许是因为历史悠久，所以庙藏文物较多，蕴涵较丰厚。

中村旧庙已修缮一新，巍峨壮观，美轮美奂。所藏"镇庙之宝"除了天上圣母石船之外，还有两件物品。一件是一根梁木，据说那是古庙的脊梁，重修之后一直舍不得抛弃，所以小心保存至今；另一件是一把约长5米的船桨，这把当代罕见的船桨尾端还有几处修补过的痕迹。

很明显，这是一把非常珍贵的船桨。虽然不知道那是何年何月何人所用之桨，但可以确认村民曾持之参加海府地区龙舟竞赛并夺得冠军，所以村民视之如同珍宝，一代代人珍藏至今，而且将一直珍藏下去。因为，人们所珍藏的是一段历史，一种思想，一份希望。

村民们怀着这份希望，修建天后宫殿堂，重塑天上圣母神像，并将希望寄于对联："庙堂重建风调雨顺千秋业，古迹复兴

品味骑楼老街

国泰民安万年春。"尊"婆祖",期盼的就是得到这份希望。这是一种精神信仰,是一种文化认同。从小渔村到现代海口,离不开这种信仰与认同。

再后来,由于事业有成、财富增多,众商集腋成裘,共同捐资兴建天后宫作为会馆会址。到清乾隆二十年(1755年)先是兴化、潮州商人在白沙门兴建了"兴潮会馆天后宫",继而漳州、泉州商人也于乾隆四十三年(1778年)在近旁兴建"漳泉会馆天后宫"。

《兴潮天后宫碑记》云:"福之兴化、广之潮州,其来琼也历重洋之千里、涉烟波之万顷而装载匪轻……又值经商之所八庙思敬,栋宇之不轮奂,我众责也。于是各虔心解囊,其庙貌而更新之……"落款是"大清乾隆二十年岁次乙亥季夏吉旦兴潮众商同勒石"。

267年(2022年)过去了,这块记录捐修天后宫经过的石碑至今仍保留在庙里。

兴潮会馆的这座天后宫除了前堂后殿、左右横廊外,右边还有一排侧室,规模不小,可同时容纳好几百人。可以想象,眼前这座天后宫当年庙祭之日是何等辉煌!可是,200多年后的今天,大门已经破损,门户洞口已经大开,庙里早已寂然无声。不过,历史建筑的本身就是声音。

在兴潮会馆天后宫正门顶端,有一块"天后宫"的石匾,上面有"咸丰十一年(1861年)捐修"的字样。也许,那是最后一次大修,从那时至现在(2022年),已过去了161年。石匾右下方,有一个残存的小石狮,雕塑非常精致,再下面是"民丰物阜"的篆刻。建庙者用心良苦,这般美好愿望,这等布局的殷切期待，也是妈祖信众和商会同仁对天后和会馆的殷切期待。

　　就在兴潮会馆天后宫隔壁，几步之遥，虽然看到的是断垣残壁，但从遗址的石墩排列布局可以看出，漳泉会馆天后宫规模、格局比兴潮会馆天后宫要大得多。最引人瞩目的是那4块巨大的石碑，那是笔者在海南见到的现存石碑中碑身最高、碑面最大、碑体最厚的关于海洋文明的四方石碑。

　　石碑宽1米多，从基座面算起至少有2米。四碑两两相对，并排而立，相距四五米，气势雄伟壮观。这四方巨碑是鱼鳞状白色花岗岩雕成的，在海南本土从没见过。显而易见，这些石碑是从福建海运过来的，从这也可以看出漳泉会馆天后宫建造者的意志和毅力。

　　端详这些古老石碑，它们客观地记录了当年会馆活动和祭祀天后的真实历史。尽管时间已过去了200多年，腥咸的海风早已把碑文剥蚀得模糊不清，但石碑顶部的"众商抽分牌""众商抽分铭""众商捐题碑"和"重修天后宫碑"等大字依然隐约可以辨认。

　　这是一份非常珍贵的历史资料，虽然具体内容已看不清楚，但查阅相关文献可以了解当年会馆活动情况。

漳泉会馆天后宫"众商抽分牌"

4块石碑中有2块提到"抽分",乍一看很难弄清楚是什么意思。"抽分",即征收关税。关税是国家血脉,因征收的是实物税,所以叫"抽分"。

早在唐代,政府就有做出了关于抽分的规定:"番舶之至泊步,有下碇之税""番商贩到龙脑、沉香、丁香、白豆蔻四色,并抽解一分"。宋代设立"市舶司"掌管关税征收和对外贸易,开始是"十先征其一";后来,根据舶货的粗、细,分为2个种类抽分,"以十分为率,珍珠、龙脑,凡细色抽一分;玳瑁、苏木,凡粗色抽三分",相对比较合理。

元仿宋制。至元三十年(1293年),元朝制定了《市舶抽分则例》,主要内容是统一税率,调整机构,禁止官员下番贸易;因公出使,允许贩易番货,但必须抽分纳税;等等。其中,有一条特别严厉的规定:令海北海南沿海州县加紧关防,如遇回舶到岸,着令离开,往原市舶司抽分。"众商抽分牌""众商抽分铭"勒石所告示的,就是以上内容。

由此可知,会馆除了联络乡情、商议事务外,还担负沟通官府、商家信息,宣传抽分征税标准,贯彻朝廷政令促其畅通的特殊功能。延祐元年(1314年)修改至元《则例》的规定:对违禁品做了增补,违犯舶商、船主、纲首、事头、火长各决杖107下;提高关税征收率,粗货15抽2,细货10抽2;加大增收力度,规定诸王、官员依例抽解,犯者决杖107下并削爵、罢职;拘占船舶、捎带钱物下番贸易,决杖107下并罢职;对船主、事头知情不报者,按规依法追究;违反《则例》入港,船主、事头等各杖107下。此外,新修《则例》还规定,"官员、权豪诡名请买"以及渎职、失职,也决杖87下,撤职、降职,

"受财纵容者以枉法罪论"，等等。政府政策以会馆立碑告示，希望众商知晓，不要错犯。

修改后的《市舶抽分则例》条文比较具体，规定比较明确，处罚比较严厉。

为了避免会员触犯法例，让会员懂得依例保护自身的利益，会馆便协同官府，将《则例》勒石，立碑告诫，这就是立"众商抽分牌"和"众商抽分铭"2块石碑的原因。

至于"众商捐题碑"和"重修天后宫碑"，则是会馆组织扩建天后宫过程中的有关活动内容。所以，尽管石碑上的字迹已经漫漶，但是那一阶段的商业史不但没有湮没，反而历久弥新。以天后宫为中心组建的商业会馆，其促进商务活动的模式非常清晰。

漳泉会馆天后宫虽然倾毁了，但是立碑人怒海行舟的播迁史、商海打拼的奋斗史以及白沙门商埠的发展演变史将永远流传，妈祖信仰、妈祖文化、老海口保护神的精神力量将永远激励中华儿女不断开拓进取的信心和决心。

这就是天后宫，也是滨城海口的历史见证。它们记下这段历史，记录下城市的蓝色文明史。

漳泉会馆天后宫"众商抽分铭"

品味骑楼老街

"老爸茶"传奇

　　"老爸茶"是广泛流行于海口街市、扩散于海南各市县的很受群众欢迎的极普通的茶饮。其实,"老爸茶"原是海口市民祭祀文化神人王佐的庙宇清茶,是富有文化含量的一杯热茶。

　　"老爸"是市民对王佐的尊称,也称"公祖爸"。王佐与丘濬、海瑞、张岳崧齐名,并誉为海南"四绝"。丘濬学识渊博,著作等身,时称"著绝";海瑞清正廉明,刚直不阿,时称"忠绝";张岳崧书画俱佳,造诣很高,时称"书绝";王佐文思敏捷,诗才超群,时称"吟绝"。

　　俗话说,诗言志,歌咏言。诗品即人品,人品至高,"老爸茶"的传奇故事也感人至深。相传,内阁大臣胡公曾当丘濬的面指着一幅丹顶鹤为题的画要王佐作诗。王佐略微一看,便脱口而吟:"头戴红冠着素衣,徘徊岸上立窥鱼。"胡公见王佐诗思敏捷,有意设置难题。

　　于是,胡公忽然泼墨,弄黑画面,仿佛晴空雷响,风云袭来，令人猝不及防。然而，王佐情急智生，诗思骤变，急转直下，从容应对："只因贪吃归来晚，误入文宫洗笔池。"

意想不到，一场骤变，换来一首好诗，众人称赞。王佐善于

王佐塑像

作诗便传遍京城，传进了皇宫。皇帝曾问丘濬："听说你的学生王佐有七步成诗之才，是不是果真如此神奇？"得到肯定的回答后，皇帝立即召见王佐，命他以蛋为题，现场发挥，作一首诗，以此策试。

皇帝并不知道，王佐是在农村长大的，不知亲手从鸡窝里捡过多少鸡蛋，不知有过多少丰富想象。只见王佐略思便说："天地玄黄在此包，未生骨肉未生毛。"方一开口，王佐就把鸡蛋描绘得形象如此生动。正要接着续句，皇帝忽生变卦，示意太监将蛋打烂，但是王佐的思路并没有被打断，反而因此受到启发："把尔抛地归阴去，免得成形过利刀。"

王佐随机应变，急转直下，顷刻成诗，而且诗作非常深刻，很有哲理，意境很高，得到了皇帝的赞赏。由此看来，王佐被称为"四绝"中的"吟绝"，的确是当之无愧。然而市民祭祀王佐与"吟绝"无关而与潮汐有关，与海上安全航行有关。

在海口土俗中，"老爸"不是"父亲"，而是"爷爷"。被海口人尊为"老爸"的王佐，是临高透滩村人。把一个外乡人叫

品味骑楼老街

作"老爸"，这里头的特殊原因，是颂扬和肯定王佐对海口老百姓做出了突出贡献。历史上不少人对海口有突出贡献，但唯独王佐获得这一殊荣。

历代海口的老百姓以海为田，"衣食住行，利在于海"。人们靠海用海，但不了解海洋气象，不知道潮汐变化，出行遭遇风浪，海难时常发生。史载，明永乐二十一年（1423年），琼州府治潮溢，漂没甚众；光绪二十三年（1897年），海水暴涨，海口大街水深数尺……

从以上史料得知，潮汐剧变造成的灾难损失相当惨重。王佐潜心研究天文历算法，写下《琼台外纪》，在精确推算潮汐周期的基础上，对海南潮汐变化做出了经验总结。

于是，人们尊王佐为海洋气象学家，为他立庙，春秋祭奠。《琼州府志》载："祀王佐海上显灵，祈祷立应。"这不是封建迷信，而是一种安全渡海的愿望。

王佐热爱海南，关注海岛环境，关心百姓航海，为此付出毕生心血。人们祭祀他，敬奉他心系苍生疾苦。当年祭祀，常常以茶代酒，那杯祭祀王佐的茶就叫作"老爸茶"。

那是一杯普通的茶，是与航海有关的茶，是一杯饱含文化热量的"老爸茶"。据说，当年出海前，祭一杯"老爸茶"，祈求"老爸"护佑，大多顺风顺水，并能生财得利。

后来，海运发达，交通便利，海洋气象预报及时、准确，人们出海前已用不着祈祷，只需了解气象预报来决定行程，但是市民感念旧恩，仍然保留过年过节祭祀王佐的习俗。

时间流逝，祭祀仍在。后来，原先西天庙里祭祀王佐的茶，便变成了敬奉爷爷的茶，成了具有文化意义的"老爸茶"。再后来，随着经济发展、生活改善，街市扩大，茶坊林立，敬奉老人的"老爸茶"便走上街头茶座，与老百姓分享，成了经济实惠的"老爸茶"。

西天庙

于是，街头巷尾充斥市井之间的各种茶店便做起了经营"老爸茶"的生意；于是，这种经济实惠的便民茶饮大行其道，服务市民；于是，海口"老爸茶"便成了城市特色。

在海口，吃"老爸茶"是一种地域习俗，一种文化情趣，一种休闲享受。于是，"老爸茶"向外拓展，向周边城镇延伸，逐渐成为一种习惯，使五湖四海游客都知道"老爸茶"。

品味骑楼老街

水巷口故事

　　海口，因海而生，依海而兴，那是一座美丽的滨海城市。海水环绕，河沟纵横，水汽氤氲，城在水中，水在城中。明代海口，说到底是一座水城。

　　原先，大街小巷，河道临水，水网纵横，水汽淋漓。如今，仍存留不少与水与海相关的历史地名，美兰区的海甸岛、新埠岛以及水巷口便是明证。

　　以水为起点，以巷为视点，以口为热点，水巷口成了初成城市的通道，成了城市发展的廊道，成了商客往来的集聚之道，成了早年城市发展的汇集之道。

　　当年，从海甸岛靠近外海的边上到海口所城，要渡过3条河流水道，当时的天后宫就是建在河流的旁边。当年，水巷口是渡口、港口，是必经之道。特定的自然环境，使水巷口成了繁华之地，是商埠必争的寸土寸金之地，是城市发展的黄金宝地。

　　这弹丸之地，开始兴建店铺，卖什么都可以赚钱。因为过往人多，是兜卖小吃的理想之地。最早过往的大多是苦力，他们大多是工作之余，在这里寻求饱餐。

如果用现在的目光来看当年的水巷口，那是大错特错。今日街头的新建筑，树立在门口的是大书特书"水巷口"3个大字的现代时髦书店，周边是围绕服务兴建的设施。如此来

水巷口

看，水巷口只不过是滨海城市的一处路口，它默默地分流各处车辆和汇集四方人流。

如今，海口骑楼老街的东部出口就位于水巷口，率先映入视野的是三角形的新的骑楼建筑——水巷口书店，后面分别是中山路、博爱北路、博爱南路、解放路、长堤路等城市马路，它们都有同样的骑楼建筑，但却有不一样的过去，而水巷口则是一个有故事的地方。

水巷口在古代名叫毓秀坊，是海口市最早的渡口码头之一。那是元末明初，水巷口开始成为官渡，成了海口市最早的渡海码头之一。后来，从河流到街口，其地理特点是小巷道处在流水口，由此得名。水巷口的西侧有城有河，船行水中，别有韵味，因此也被誉为古海口的"威尼斯"。这条不宽的街长不过

200多米，但因为环境独特而声名远播。

古时候，越是近水的地方就聚集越多住户和渔民，就越能带动经济发展。因为有了这个官渡，出现了从水巷口到红坎坡的最古老的南北大道。因此，被奉为海上和平女神的"天妃"也被人们特意将庙建在水巷口的附近。明洪武二十七年（1394年），构筑海口所城，水巷口渡口成了所城北门的外道。明成化年间，水巷口建起海口旧公馆作为"各官渡驻节之所"，迎来送往，使之成为繁荣发达的过往琼州的港口。

后来，海边的陆地不断地扩大，逐渐建起了北面店铺，改名为环海路，路北则称为环海坊。天妃庙前新辟的大庙前路，即今日的中山横街。后来，码头外面出现龙舟墩，成了明代海口龙舟竞渡的热闹场所。今日水巷口西南面的店铺，大体上是沿着海岸线建起来的。清末，水巷口码头淤塞，港口码头往外迁至长堤，水巷口西段建成街道，称为港口街。

时至今日，水巷口依然人来人往，市声喧嚣。当年，水巷口是街市饮食店的聚焦处，也是吃早点的理想场所。在那里，海南腌粉、牛腩饭、猪脚饭、鸡粿饭团、粽子、煎饼、定安粉汤等本地的美食充街塞巷，颇受吃客欢迎。今日水巷口的周边，依然饮食店林立。

水巷口环境的变化，使著名的商号在此抢滩，其中就有云旭记和梁安记，因为它们的存在，水巷口成为购物的天堂。1924年，扩大城区，拆除海口所城，填河筑路建起了长堤路。当年，码头建设随着城市的扩张而位移，移往长堤路的边上。而且还在边上盖起造船厂，使水巷口变得更加热闹。再后来，城市继续伸展，慢慢拓展了长堤路，这一片成为车如流水马如龙的繁华之地。

"文化大革命"时期，水巷口曾更改名字，称为"旭日连"。

到了1981年，开始恢复水巷口街。1996年，骑楼老街改造，水巷口再一次引人关注。新改建的房舍耸立街头，老模老样，美轮美奂，成了骑楼老街的标志，成了进出老城区的路口。显而易见，这地方的环境风物所代表的是城区的历史风貌，难怪人们在此徘徊而流连忘返。历史已经远去，现实扑面而来，走进水巷口，走进了一个历史新时期。

品味骑楼老街

得胜沙外滩

得胜沙，原先是琼州海峡的外滩，古时称为"外沙"，因为"海口外缠一片平沙"而得此名。明代，西天大士庙建于近旁，当时面临大海，后来积沙成滩涂，逐渐形成街道，盖起房子。而临近海边滩涂主要是一些"白鸽寮"（疍家人搭建的住所），让一些浮海为生的疍民有安生的住所。

从明代开始，倭寇为害，海道不靖，祸患四起，边疆海防，首当其冲，责任重大。史载，清道光二十九年（1849年），海寇张十五侵犯海口，清兵把总黄开广率领军民在此处顽强抵抗，贼寇被驱赶出海落荒而逃。为纪念抗击海盗大获全胜，便将外沙命名"得胜沙"。

这是一处因抗击倭寇胜利而改称的历史地名，它记录了得胜沙得名的经过。这是带有历史传说和现实意义的故事。据说，那天夜里冼夫人身骑白马，手执长剑，从天而降，带领义兵大战海盗。当时千军万马，火光冲天，海匪惊悸，大败而逃，黄开广因而获得大胜。

海口市民感恩，为酬报冼夫人显灵助战之功，于清咸丰四年（1854年）在得胜沙建庙，称为"外沙婆祖庙"。从那以后，市民每每于冼夫人的诞期筹资庆贺，至今已经有166年（2020年）。如今，冼夫人信俗被列入国家级非遗项目，成为海南民间规模最大的祭祀节日。

后来，大海慢慢退去，退得远远的，远到要走好久才到。再后来，得胜沙慢慢拓展，沙滩延伸，渐成荒滩，人们开始绕着外沙婆祖庙建造房屋，慢慢拓展成今日的得胜沙街道。得胜沙的老街，东起新华北路，西至龙华路的北端，是赫赫有名的海口骑楼的老街区。

清咸丰八年（1858年），清廷被迫签订《天津条约》，海口被辟为"琼州口"，成了对外通商的口岸，得胜沙成了洋行密集的商业中心。清光绪二十七年（1901年），法国天主教会在得胜沙兴建中法医院；光绪三十一年（1905年），在此设立第一家邮政局。

1914年，国民政府在此设中国银行海口办事处，从此海口开始出现现代银行业。后来，骑楼老街

得胜沙冼太夫人纪念馆

大量建设，洋人随便出入。20世纪20年代，由海口商会牵头发起，海南华侨慷慨捐资，在椰子园建立海南医院。自此，该处有3家医院，成为近代海南医疗中心。

拆城之后，海口城市逐步拓展。1935年，"五层楼"在得胜沙路建成，成了海口的建筑地标。也是这一年，毗邻得胜沙路的海口海关新楼崛起，成了骑楼老街较早的新型建筑之一。就在这个时候，海甸溪畔的得胜沙路已发展成海口港的主要码头，得胜沙街道也发展成海口最繁华的街道之一。其繁荣标志是骑楼密集，人头攒动，来来往往，仕女如云。

海南解放之后，得胜沙街道经过曲折发展，到今天成为首批全国十大历史文化名街之一。后来随着城市逐渐发展，为避免妨碍行人休闲逛街，得胜沙街道开始限制汽车驶进，经过改造成了海口的步行街。再后来，由于骑楼老街入选首批中国十大历史文化名街，得胜沙更显得声名大震。

每年的3月15日，海南岛流传最久、分布最广、最隆重热闹且具有丰富内涵的民间信俗洗夫人文化节进入高潮，得胜沙社区民众组织秧歌队、舞狮队、"装军"、"行公"，模仿和还原洗夫人开府设帐时的阅兵行军仪式，以"装军"巡游展示从唐代延续至今已有1400多年历史的洗夫人信俗，表示接受洗夫人检阅，盼望祖国繁荣昌盛、百姓安居乐业。

得胜沙，从琼州海峡外滩到骑楼街区，100多年历史变化，记录了城市发展历史，记录了市民生活苦乐，记录了翻天覆地的街市变化。这是一个新时代的伟大的历史变化。

老街区冼庙

得胜沙的变化，是从滨海滩涂到城市街区的历史变化，是从默默无闻的破烂不堪的小街向现代化城市休闲社区的历史变化。这方土地的变化，是海口市人民他们在社会大变迁中的历史情感的蜕变。这期间，也见证了社区公众对冼夫人奉祀的无限热诚。

冼夫人（约512或525—约602或604年），名冼英，又称冼太夫人、岭南圣母。她处事秉公，不徇私情，顺应时代潮流和人民意愿，致力维护国家统一，促进民族团结，受到广大民众衷心拥戴。她教导子孙以民为本，以和为贵，为保持岭南地区的社会稳定做出了突出贡献。

冼夫人是伟大的政治家，卓越的军事家。《隋书》记载：冼夫人"幼贤明，多筹略，在父母家，能抚循部众，行军用师"。她协助父兄作战，显露出非凡的军事才华。她洞察权奸，足智多谋，亲临前线，指挥三军，平定叛乱，诛杀反贼，立下了赫

品味骑楼老街

赫战功。

梁朝末年侯景之乱，地方豪强割据称王，雄霸一方。南朝梁大宝元年（550年），冼夫人支持陈霸先起兵讨伐，平定侯景之乱。陈朝建立之初，政局不稳，号令难行，冼夫人挺身而出，协助陈霸先平定割据岭南的地方豪强。由于破敌有功，陈朝封她为中郎将。

隋开皇九年（589年），隋文帝进军岭南，

得胜沙冼庙

遭到陈朝旧部残兵败将以及少部分少数民族武装力量的抵抗，南越大地陷入战乱，百姓流离失所。冼夫人审时度势，决定归附隋朝，并派孙子冯魂前往迎接，岭南地区得以统一，冼夫人也因此受封为谯国夫人。

作为岭南少数民族首领，冼夫人有勇有谋，兵精粮足，威镇俚峒，足可称雄，独霸一方。但是，她心地善良，深明大义，深知拥兵自重、分疆裂土、你争我斗，地方不靖，百姓困苦，只有国家统一、民族团结、社会安定、百姓安居乐业，国家才能长治久安。

冼夫人一生，历经梁、陈、隋三朝，她所进行的军事、政治活动遍及南越十几个州。她的一生，是致力维护国家统一、

促进民族团结的一生，是备受推崇的巾帼英雄的一生。1400多年来，从民间到朝廷，冼夫人备受称颂，被称为冼太夫人、岭南圣母、护国夫人、石龙太夫人、宋康郡夫人、谯国夫人、诚敬夫人、锦伞夫人等。她的历史功绩和思想文化对海南及至整个岭南、对国内乃至东南亚各国，都产生了积极的影响。新中国成立后，周恩来总理称赞冼夫人为"中国巾帼英雄第一人"。2002年2月20日，江泽民主席视察高州冼夫人庙时，盛赞冼夫人维护国家统一、增强民族团结的精神，称冼夫人为"我辈后人永远学习的楷模"。

冼夫人是中国历史上第一位深得海南民心的政治家。南朝梁大同年间（535—546年），冼夫人请命于朝，在西汉儋耳郡旧址设崖州，恢复海南与中央政权联系。《北史》《隋书》均记载："海南儋耳归附者千余峒。"她对海南的主要贡献：在政治上，请命于朝，建置崖州，使海南与中原的直接联系得以恢复；在军事上，率师用兵，安抚百姓，平定叛乱，为海南创造了一个安定的社会环境；在生活和生产上，为民众谋利益，促进了海南经济社会发展。

海南最早的冼庙是儋州市中和镇建于南宋绍兴年间（1131—1162年）的宁济庙，此外，还有海口市秀英区西秀镇的荣山冼庙、新坡镇的冼夫人庙。新坡冼庙在扩建后，成了全岛众多冼庙中规模最大、庙会最盛的场所，使"每逢诞节，四方来集，坡墟几无隙地"。

1966年，新坡冼庙被毁；1990年重修，全部选用黑盐木构建。重修后的新坡冼庙，雕梁画栋，堂皇气派；殿前的大柱上悬挂着一副长联："平蛮靖邦，巾帼奇勋颂扬满神州，懿风永

品味骑楼老街

在；报功申德，军门专庙崇祀遍南甸，英灵长存。"冼夫人庙的3扇大门上分别镶嵌有"巾帼英雄""岭南风流""千秋懿范"的匾额，表现了群众对她的衷心拥戴。

此外，位于海口闹市中心的得胜沙冼庙颇有传奇色彩。相传，清道光二十九年（1849年），海盗夜犯外沙，冼夫人"显圣杀敌"，贼寇落荒而逃。咸丰四年（1854年），市民修建外沙婆祖庙纪念冼夫人。后来，改"外沙"为"得胜沙"，故今称得胜沙冼庙。

得胜沙冼庙位于闹市之中，这里寸土寸金，商铺租金奇贵，游人熙熙攘攘，比起海南其他地方的冼庙都要显得热闹。得胜沙冼庙除文化价值之外，比其他庙宇更具历史意义。

中山路揭秘

以中山路为主，包括得胜沙路、博爱路、新华路、解放路、长堤路等古老街巷，是首届十大"中国历史文化名街"之一海口骑楼老街的核心保护区。研究这条街道的历史，说到底就是研究中山路的发展历史，就是研究海口城市的发展历史。

中山路的形成，可以追溯到明洪武年间海口所城的兴建，它的年代久远，历史久长，是城市的起点。原先的中山路，拆城前属于天妃庙前大庙街的西段，原来是一条土路，称环海坊西路，全长为338米，后为纪念孙中山先生改名为中山路。1924年拆城，将旧城墙方块石条砌筑海甸溪长堤的堤岸，建成长堤路，长堤便成了海口港码头。

后来，堤外溪畔，洪水冲刷，泥沙堆积，于20世纪30年代形成了东西两个小洲，海南解放初年曾在那里兴建海员俱乐部，现在经改造已建成儿童公园。原海口所城的西边，拆城后在新兴街东边和关部前西边建起了店铺，街道扩大，改名为新华北

品味骑楼老街

路，与中山路相邻。

现在，以中山路为中心的古老街区是骑楼老街的核心区，是全国十大历史文化名街之一的中心地段。城市改造给了中山路新的发展机遇，店铺经过整修，修旧似旧，保留城市文脉，基本上恢复历史原貌。所不同的是，时代变了，今日所经营的商品与以前相比已相差很远。

还是那些店铺，需求不同了，可选择的东西多了，况且今日海口店铺增多，到处都是琳琅满目的商品，任由客人选择。所以，人们不必一定到中山路购买，而中山路的店铺便转换经营方式，销售有利可图的、顾客需求的商品，于是店铺便变了个模样。

原先的字号还在，但店中的伙伴变了个模样，经营的商品也变了个模样，变成与时代同步的旅游商品，让顾客各取所需。当然，最多的还是卖食品饮料之类，是按需求而供应，而不是坚守不变的策略，让自己走进死胡同，做半死不活的买卖。

街道也变了，变得更干净更清爽。街上多了城市雕塑，像模像样，贴近生活。更多的时候是宣传，宣传非物质文化遗产，宣传街市民众的生活幸福；或者举办个摄影展览，表演些历史保留的传统节目……总之，街区生活丰富多彩，人们生活异彩纷呈。

怎能不变呢？孙中山以"世界潮流，浩浩荡荡，顺之则昌，逆之则亡"为座右铭，强调"内审中国之情势，外察世界之潮流，兼收众长，益以新创"，目的是促使中华发生巨变。为此，孙中山确立"驱除鞑虏，恢复中华，创立民国，平均地权"的政治纲领。

可惜的是，壮志未酬，出师未捷，英雄身死。为了纪念孙中山先生旨在推翻当时的清政府、恢复中国各民族本身的民族文化传统，全国各地都有取名为"中山"的纪念地，这是海口中山纪念堂和中山路命名的由来。因此，中山路是一条不平凡的城市道路。

海口中山路

　　因为如此，以中山路为主的街区获得殊荣，闻名遐迩，扬名中外，也在情理之中。揭秘中山路，为的是告诉世人，中华民族是英勇不屈的民族，中华民族有坚定不移的凝聚力，在民主革命时期如此，在社会主义建设时期也如此，这也是纪念孙中山先生的原因。

品味骑楼老街

东西湖倩影

东西湖，东湖与西湖的合称。两湖合一，统一称谓，恐怕只有海口才如此，也恐怕只有海口才有这样的湖泊。这是天造地设的自然景致，这是与生俱有的自然及人文景观。

作为龙岐山的余脉，隋唐时代，大英山曾是波涛汹涌的海岸，而东西湖则是历史传说中五龙"腾云升天，掀浪入海"的万丈深渊。虽然，今日的东西湖已处于密集高楼商厦的层层环抱之中，但是，面对市声喧嚣的大街，目睹车水马龙的繁华，依然无法改变它通江达海，曾经是明清时期"海上丝绸之路"避风、补给、中转的重要节点海口内港的历史事实。

这段历史也是滨城海口的人文历史，是源于大海所赋予的有海有口的城市历史。如果没有避风、补给、中转的历史功能，海口便失去风生水起的价值，便失去气势磅礴的生命。所以，别小看东西湖，如今平静的湖水虽然波澜不惊，但她的航船曾掀起大海波涛。

岁月流逝，水落归海；海涵万族，秋水涟漪。东湖和西湖是老天赋予滨城海口的环境财富。她是城市秋波，是椰城美丽的大眼睛；她顾盼多姿，摄人心魂，令人心醉。如今经过城市"双创"，环境整治使她焕发迷人风姿，沿湖慢步的游人，那是多么幸福啊！

"平湖双月"曾经是"海口八景"之一，树影婆娑，波光粼粼，水汽氤氲，那是东西湖对所在城市的大爱。是的，那美丽的湖心岛，那酷似"南中国海万顷碧波中的海南岛"的位置，它表示的是东西湖对海南的认同，对身边这座城市的痴情的大爱，是一种悠悠的情结。

海口，天高日晶，四季苍翠，是造物主赋予海南岛的一块宝地。炽热的阳光，温润的海风，使满城荡起了悠悠的绿云；午间的豪雨，肥沃的土地，使街市终年万紫千红；绵延的海岸，辽阔的海疆，给城市增添了无限的魅力……而最美的还是东西湖边巍然高耸的椰树。

漫步东西湖，那成排成行、成片成林、连绵不断的椰树，是多么令人瞩目，是多么发人情思。它们根盘大地，昂头跃起，在植物世界里横空出世，既有热带男儿的阳刚之气，也不乏海岛少女的矫健妩媚。即使踏遍四极八荒，也难以领略到滨城海口东西湖这种情调。

椰树，伟岸豪放，巍然挺拔，独立海天。炽热的阳光不能使她枯萎，肆虐的台风不能使她折腰。椰果金玉其外，内心雪白；椰浆雨珠酿成，冰清玉润。椰树就是如此感情浓郁，底蕴丰富。谁为她付出真诚的爱，谁就会成为聪明智慧的化身；谁了然她的博大精深，谁就会成为像椰树那样顶天立地的巨人。

品味骑楼老街

难怪企业家探索她的奥秘，酿造出了事业成功的琼浆；音乐家和着她的旋律，步入了艺术的殿堂；文学家仰仗她的灵气，挖掘了生命的源泉。

漫步东西湖，激情如海潮澎湃。看身边的椰树争高直指，看身边的椰树不畏烈日、笑傲风云，心里在想，难怪海口被誉为"椰城"！谁要想了解椰城，谁就要先了解椰树。谁了解了椰树风骨，谁就知道了这座城市的内在美，那是一种摄人心魂的令人惊心动魄的美。

人们常说"人杰地灵"，但我却说是"地灵人杰"。因为有了大英山与东湖西湖这样的山水，所以海口便有了精明能干的市民，便有了富于创造力的商人，便有了骑楼老街这样的"中国历史文化名街"。所以，从风水学的角度来看，绝不能忽视东西湖这样的宝地。

海口人民公园

椰城没有大山的巍峨，却有大海的磅礴。海南最长的河流从椰城的白沙门奔流入海，它的支流美舍河横跨省委、省政府所在地的闹市区穿越东西湖而过，另一支流映着古老钟楼的倒影向南流去。登上楼顶，一幅山水画卷的长轴呈现在眼前：高楼林立，江海交汇，岛屿环抱，港汊纵横，好一幅南国滨海新城的美丽图景。这中间，哪一处没有椰树铮铮风骨？

晨钟轻敲，生命之潮在涌动。呵，海口！跨越已经流逝的岁月，我仿佛看见你港口里那古老的桅杆。无数代人在那海南岛通向陆大地和东南亚的咽喉之地鼓起了风帆，把你们从封闭、落后、野蛮驶向开放、进步、文明的彼岸，那里头最美的是东西湖的倩影。

品味骑楼老街

琼州口岸遐想

　　1858年第二次鸦片战争期间，琼州成为帝国主义侵略与掠夺的对象，琼州口被迫开放，成了输出海南土特产商品的口岸，成了遭受历史屈辱、失去自尊的口岸。

　　早在1793年，英国政府遣马戛尔尼访华，要求增开天津、宁波、舟山为商港，割让沿海岛屿，遭到清政府的拒绝。在早期的两国贸易中，英国一直处于入超的地位。

　　为了扭转这一局面，进一步打开中国市场，自18世纪起英国开始对华输入鸦片。这鸦片俗称"大烟"，可入药，有止泻、镇痛、提神等效用，但它含有麻醉的毒素，经常吸食便成为毒品，对人的身心损害很大。起初，鸦片是作为药材而进口，是附属品。

　　此后，吸食鸦片的人渐多，英国侵略者为了牟取暴利，迅速扩大对华鸦片贸易。鸦片进口量逐年加大，流毒全国，造成中国白银外流、银价上涨、经济凋敝、社会动荡。为此，道光皇帝命林则徐为钦差大臣前往广州禁烟，追缴没收英商鸦片 2 万多箱，共 200 多万斤（1 斤＝500 克），并当场销毁。可是，英国侵略者却以此为借口，乘机发动蓄谋已久的侵华战争。

1840 年，鸦片战争爆发，因广州防守严密，英军转攻厦门，也未得逞，便北上攻陷定海，抵达天津，向清政府提出照会，迫使罢免林则徐，签订丧权辱国的一批不平等条约。

1856—1860 年，英法联军发动侵华战争。英法帝国不满足第一次鸦片战争中获得的特权，开始以修改南京、望厦、黄埔等条约为缘由，向清政府提出一系列侵略要求遭到拒绝。1856 年 10 月，英国驻广州领事马夏礼制造所谓"亚罗号事件"，突然发兵进攻广州，悍然发动了第二次鸦片战争。法国也以"马神甫事件"为借口，发动对华战争。英法联军协同进攻广州，结果城池陷落。1858 年 4 月，联军进攻天津。

接着，英、法、美、俄等四国公使也乘兵舰抵达白河口外，分别照会清政府，提出霸蛮条款，要求派全权大臣谈判。1858 年 5 月 20 日，联军攻陷大沽炮台，扬言进攻北京。清政府急派吏部尚书花沙纳、大学士桂良前往议和，签订《天津条约》，答应侵略者的全部要求。

然而，侵略者的贪婪并未停止。1860 年，英法联军先后侵占舟山、烟台、旅顺等地，8 月由北塘登陆，塘沽、大沽相继被陷，侵略军凶狠进攻，占领天津，9 月初又进攻北京。10 月，联军占领圆明园，恣意抢劫之后，将圆明园付之一炬。10 月下旬，迫使清廷和侵略者签订了丧权辱国的《北京条约》，作为《天津条约》的补充，我国从此门洞大开。

英法侵略者凭借不平等条约率先侵入琼州。紧接着，1861

品味骑楼老街

至1869年间，德国、丹麦、比利时、西班牙、意大利等国侵略者争先恐后强迫清廷签订各种不平等条约。琼州被开辟为通商口岸，当时称为"琼州口"。美国则打着"门户开放，利益均沾"的旗号，同其他侵略者一道参与侵略和掠夺琼州。帝国主义的入侵使琼州沦为半殖民地半封建社会。

百年屈辱，百年抗争，中国人民的不懈奋斗赢得了中华民族的解放，琼州口回到了祖国的怀抱。进入新世纪新时代，习近平总书记描绘了一幅圆梦中华的蓝图，海南开始自由贸易港建设，海口成了自由贸易港的核心区，开始敞开胸怀，迎接来自世界各地的巨轮。

这就是琼州口历史，这就是我们赢得自由贸易、公平竞争、公正贸易的历史。漫步得胜沙路，眼看面前的历史建筑，思考当前世界大变局，我们更加坚信中国倡导构建人类命运共同体、共建"一带一路"的睿智，更加坚定推动区域建设所取得的新进展。

外国驻琼领事馆

第二次鸦片战争之后，英、法两国凭借1858年《天津条约》关于把琼州新辟为通商口岸的条款，首先霸占琼州。

紧接着，德国、丹麦、比利时、西班牙、意大利、奥地利、美国等国争先恐后地参与对琼州的侵略和掠夺。为了侵略所需，美国、日本、英国、德国、法国、奥匈帝国、葡萄牙、意大利、比利时、挪威等国也先后在海口设领事。其中，英国、法国、德国建有领事馆。

他们打着"合法"的招牌，在海南进行残酷的经济侵略和文化掠夺。

这一时期，在海南设置领事机构的国家已有11个之多。欧美诸国在海南设置领事机构的历史，其实是一部中国近现代被侵略史的缩影，是国门被资本主义列强用兵舰枪炮打开，以及国家被迫同如狼似虎的资本主义列强开放的历史。

1840年鸦片战争之后，清政府被迫签订中国近代史上第一

个不平等条约。道光二十二年（1842年），英国炮艇兵临城下，威胁恐吓。清政府派耆英、伊里布、牛鉴作为全权代表参加会谈。这本是极为重要的会谈，但是，"中国代表们并不细加审查，一览即了"。

于是，在南京下关江面的英舰皋华丽号上，中英双方签订了《南京条约》，主要内容分别是：1.中国向英国赔偿2100万银元；2.割让香港岛；3.开放广州、福州、厦门、宁波、上海5处为通商口岸；4.中国抽收进口货的税率由中英共同议定，不得随意更改。

第二年，双方又签订了《虎门条约》作为《南京条约》的附约。据此，侵略者又夺得领事裁判权、片面最惠国待遇和在通商口岸租赁土地及房屋等特权。从此，中国门户洞开，开始沦为半殖民地半封建社会。之后，美国趁火打劫，迫清政府签订中美《望厦条约》。

《望厦条约》即《中美五口贸易章程》，一共有34款。据此，美国不仅获得了英国在《南京条约》及其附约中攫取的除割地、赔款外的全部特权，还夺得了新的特权：

1.扩大领事裁判权范围，美国人与外国人民事或刑事纠纷"查照本国所立条约办理，中国官员均不得过问"；2.剥夺了中国关税自主权；3.美国兵舰可以随意进入中国领海，到各港口巡查贸易；4.美国可以在通商口岸租地建楼，设立医院、教堂，进行传教。

不久，英、法等国侵略者不满足于第一次鸦片战争中所获得的侵略特权，从咸丰四年（1854年）起，他们便以修改《南京条约》《望厦条约》等条约为名，向清政府提出一系列新的侵略要求，但是遭到拒绝。于是，1856年10月，英国驻广州领事巴夏礼制造所谓的"亚罗号事件"，以此为借口发兵进攻广州，悍然发动第二次鸦片战争；法国也以"马神甫事件"发起侵华战争。

咸丰八年（1858年），清政府被迫与英国签订《中英天津条约》56款（附约1条）、与法国签订《中法天津条约》42款，实行"五口通商"，被迫开辟数个通商口岸（海南就为其中之一），准予通商传教，允许外国在当地设立领事机构。这是外国得以在海南设置领事机构的原因。完全可以说，清朝在海南岛设置外国领事馆，完全是清政府被迫"同意"的。

回顾海南当年设置外国领事馆的历史，仅咸丰年间（1851—1861年）就有多家外国领事馆。一个小小的海口就有那么多个外国人居住的小区，这应当是被迫对外开放的一个历史事实。

据《民国琼山县志》，在《中英天津条约》中，开头便提及："大清国皇帝、大英国君主，因视两国情意未洽，今愿重修旧好，俾嗣后得永远相安。是以大清国特简大学士桂良、尚书花，大英国特简伯爵额，各将所奉全权大臣便宜行事之上谕互相校

琼海关碑

品味骑楼老街

阅，俱属妥当。"

其第1款说明："一前壬寅年（1842年）七月二十四日，江宁所定和约仍留照行，广东所定善后旧约并通商章程现在更章，既经并入新约，所有旧约作为废纸。"故《中英天津条约》又称《中英续约》。

《中英续约》后尾列有"专条"说："一，前因粤城大宪办理不善，致英民受损，大英君主只得动兵取偿，保其将来守约勿失。商亏银二百万两，军需经费二百万两，二项大清皇帝皆允由粤省督抚设措……"所谓续约，实则强盗行径，这是弱国无外交的具体表现。把侵略说成"大英君主只得动兵取偿"，这完全是一副入侵强盗的嘴脸，伪装成一派被逼无奈的可怜样子。

在此之后，英国便堂而皇之地在盐灶设立领事馆，把无理无法变成了"合理合法"。

而《中法天津条约》第10款说："凡大法国人按照第六款（将广东之琼州、潮州，福建之台湾、淡水，山东之登州，江南之江宁六口通商）至通商各口地方居住，无论人数多寡，听其租赁房屋及行栈存货，或租地自行建屋建行，大法国人亦一体可以建造礼拜堂、医人院、周急院、学房、坟地各项，地方官会同领事官酌议定大法国人宜居住宜建造之地……"因为这一不平等条约，便有法国在中国海口盐灶设立中法医院以及基督教教堂。

《民国琼山县志》有载："中国与英法条约准在琼州通商。在咸丰八年（1858年）五月十六日至光绪二年（1876年）三月，由广州府英领事官罗公带同驻琼副领事官佛礼赐来琼租公馆，商办一切，开用关防视事；二十九年（1903年），始建公馆于海口关厂坊沙尾地。法国设立领事官，在光绪二十三年（1897年）丁酉正月二十八日，雷琼领事官甘司哀来琼视事，租地建使馆，在海口大庙前隔河之沙基地，与海甸第六庙接壤。俄国同时准通商，尚未到琼州口岸。"法国人与中国人签订的条约，竟然允诺"俄国同时准通商"，这便是不平等条约。基于此，法国在海田的六庙设立领事馆。

之后的咸丰十一年（1861年），中国与德国签订《中德通商条约》42款，条款中居然胡说："大清国与大布路斯国暨德意志通商税务公会和约，各国均永远和好，敦笃友谊，各国商民彼此侨居，皆获保护身家。"完全一派胡言，然而彼时屈辱的中国并无话语权，任由强国分宰权益。

《民国琼山县志》有说："《中德条约》咸丰十一年七月二十八准在琼州口岸通商，至光绪二十九年，由北海领事官派录事德人贾纯保来琼查商务。三十三年（1907年）六月初三日，德政府派梅赐亭为琼崖领事。宣统三年（1911年），购地建公馆于海口盐灶村前。"至此，德国领事公馆建成。

琼州海口自清咸丰八年中国与英、俄、法、美四国订约，准予开埠通商传教。咸丰十一年，中德订约，加入在埠通商。此后同治二年（1863年），中丹条约；同治三年（1864年），西班牙条约；同治四年（1865年），比利时条约；同治五年（1866年），中意条约；同治八年（1869年），中奥条约；俱准一体通商传教。至此琼州口岸完全放开，强盗竞相分赃。

据不完全统计，从1876年3月至1914年8月，英国在琼州的领事一共29位，法国在琼州的领事一共9位，德国在琼州的领事一共5位。其时，共在海南设立教堂4所，一在府城靖南

街，一在甲子圩，一在谭文圩，一在岭脚圩；设立医院3所，一在府城靖南街，一在海口得胜沙，一在盐灶；设立学堂2所，一在北门外官路东边，一在官路西边。

到海南岛解放，人民当家作主，成了国家的主人，帝国主义在海南作威作福、趾高气扬的历史就此"奔流到海不复回"，只留下外国驻琼领事馆，令人铭记这段屈辱史，奋发自强。

涉外劳工和"卖猪仔"

1858年，琼州被辟为通商口岸。在帝国主义和封建主义的残酷剥削压迫下，海南不少贫苦民众被迫离乡背井到国外当劳工。文昌、琼东、乐会、万宁、琼山、定安、澄迈等地的民众到安南、暹罗和南洋群岛经营农工诸业，有的做佃农。

1876—1898年，琼州去东南亚等地谋生的就有三十四万人；1914—1924年，移民去新加坡的有6.3万余人，还有不少人去欧洲、美洲。其中，多数是被当作"猪仔"拐卖出洋的华工。上船之后，华工被丢进船舱，并排而坐，挤挨而卧，途中死的被抛下海。有幸活下来的，男的开山挖矿，女的沦为娼妓，其间生活阅历之艰辛，命运极其悲惨。

卖猪仔一般分为3类。一是契约工，即订约卖身3年、5年或10年。二是赊单工，出国船费先由"招工馆"垫付，欠账者在国外受雇主控制，直至还清债款及利息。19世纪50年代，琼州口设有"猪仔馆"，华工出国时在馆内集中，失去自由，遭

品味骑楼老街

雕塑作品《南洋华侨机工回国服务团》

受虐待。下南洋大约需要2—5个月航程，华工被囚禁在船舱里，船舱环境非常恶劣，死亡率占30%—50%，故这种船有"浮动地狱"之称。在海外庄园、矿山中，华工过着非人生活，死亡率有40%—70%。三是买票乘车中途被"贩卖"，随另一辆车到目的地，即"卖客"。遭遇此类情况的人通常不是正常车站买的票，或根本就没有买到正常车票，而只是普通收据。而到达的目的地也不是车站，而是车站附近。"卖客"现象既损害旅客正当利益也扰乱正常的社会秩序。

鸦片战争前后，英国、西班牙等殖民主义国家亟需大批的廉价劳工开发南洋，而美国、加拿大、澳大利亚等国家也亟需廉价劳工开矿和修筑铁路。当时，清政府政治黑暗，积贫积弱，东南沿海一带贫民温饱不着，被迫找寻出路。海南四面环海，毗邻港澳，出洋方便，殖民者就在港澳设立"招工馆"，打出"金山满地是黄金""要发财去金山"这些有诱惑性的语句，使那些衣食无着、饥肠辘辘的贫民上当受骗，或者被"猪仔馆"爪牙威迫利诱，糊里糊涂签订卖身契约。他们就是像被卖的猪仔一样一去不复返，所以被称作"猪仔华工"。

"猪仔契约"的内容林立，包括应募地点、工作性质、工作时间、契约年限、预约工资多少等，未经世面、头脑简单的"猪仔华工"信以为真，就盖上手印。可是，雇主狡猾奸险，从来不信守诺言，签订契约又如何？况且契约的条文是用英文写成，华工不懂英文，所以一纸契约只不过等于一张废纸。"猪仔华工"身处异国他乡，寄人篱下，又受严密管束，即使有离去之心也无可奈何。所以，一旦成为"猪仔"，从此就像被打入了十八层地狱，历尽人间苦难。好不容易等到契约期满，雇主"开恩"，即使获得自由身，也已经垂垂老矣，无能为力。

华工平时生活所需的零用钱是种植园主、矿场业主支付的"猪仔钱"，那是一种工薪代用币，只能在种植园或者矿山流通，只能内部消费，这是对华工的控制和束缚。

涉外劳工和"卖猪仔"是一部苦难史，它凝结了许多磨难、许多悲痛，它使多少华工血泪挥洒、多少华工倾吐哀怨！好在日出云开，悲惨的雇佣历史终于在新时代结束。

品味骑楼老街

漫步海口老街，探究城市骑楼

明洪武二十八年（1395年），海口所城建成，使海口成了传统意义上的"城市"。其实，所谓的"所城"不过是弹丸之地，城墙不过"周长五百五十五丈"。显然，这样的"城"其功能仅仅是消极的"防御"。城中5条街，就是所谓的"市"，即贸易场所。这一格局，一直延续500多年。这期间，它历经海禁，也曾被辟为通商口岸。

就在西方列强不遗余力地扩张与霸占海外市场的时候，就在重商主义叱咤风云的竞争年代，就在工业革命一日千里的黄金时期，海口所城依然故步自封，画地为牢。直至1924年，城墙才在城市发展的吆喝声中拆除，城区才逐渐扩大，街道才逐渐延伸，海口才成了真正的"城市"，才开始显露出现代都市的商业意识。

城市在历史的风雨中颠簸，在抗争中前进。晨钟轻敲，滨城海口从酣梦中醒来，它始终如一，履行职责。它忠于职守，守望城市的时空；它准确报时，拨动城市的心音；它周而复始，叩打城市的每个灵魂，震撼人们的心灵，呼唤人们走向文明。

古钟新声

晨钟轻敲，悠扬回转，滨城海口从酣梦中醒过来。多么悦耳、多么动听的铃声啊，它旋律优美，清扬激越，富有感召力，是新生城市的内心召唤，是发自肺腑的宣言。

一个世纪已过去了，它不改初衷，总是激情满怀，朝气蓬勃；总是亲切呼唤，呼唤黎明，呼唤海口的新生；它与滨城共鸣，把希望刻入城市年轮，刻入海口市民的内心。

这就是海口钟楼，它是现代商业文明的历史产物，它守信报时，用悠扬的音乐颂扬城市竞争，用"时间就是金钱"来演绎商业发展，用分分秒秒来促进城市现代文明。

这就是钟楼，它是海口的标志性建筑。难怪市民赞美它，欣赏它，颂扬它，把它列入"海口八景"，赋予它"古钟新声"这么一个富有诗情画意的名字。

钟楼，是海滨城市向现代商业文明迈进的历史见证。"古钟新声"悠扬婉转，那是海口所城拆除之后，在新建长堤码头的

新设钟楼传来的城市
乐章、前进步伐。

　　"海口"一词，
始见于宋元时期的
"海口浦"。"浦"，就
是水滨滩涂，是河流
的入海口。这个名字
形象地述说了海口的
地理方位和生态品
位，展望了这座城市
的商业前景和辉煌前
程。虽然，那时候的
海口只不过是一个小
小的商埠，并不为人
瞩目。

钟楼

　　明洪武二十八年（1395年），海口所城建成，使海口成了传
统意义的"城市"。其实，所谓的"所城"，不过是弹丸之地，
城墙不过"周长五百五十五丈"。显然，这样的"城"其功能仅
仅是消极的"防御"。城中有5条街，就是所谓的"市"，是贸易
场所。这一格局，一直延续500多年。这期间，它历经海禁，也
曾被辟为通商口岸。

　　就在西方列强不遗余力地扩张与霸占海外市场的时候，就
在重商主义叱咤风云的竞争年代，就在工业革命一日千里的黄
金时期，海口所城依然故步自封，画地为牢。直至1924年，城
墙才在城市发展的吆喝声中拆除，城区才逐渐扩大，街道才逐

渐延伸，海口才成了真正所谓的"城市"，才开始表露出现代都市的商业思想。

被拆除的海口所城的花岗岩条石也派上最好用场，被用来修建沿海甸溪的防护堤，并因此修成了新的长堤路。其实，这条长堤路并不长，或者客观地说，当年不过是长堤码头。但因此一举，这里成了人流和物流的集散之地，成了当年海口的商业中心。

商业中心也是信息中心。商业的原则是讲求时效，强调时间，准时守信。可是，在20世纪20年代，钟表还是相当罕见，人们还没有"时间就是效率"的观念。当然，也有极少数富豪之家有自鸣钟，有的华侨也有怀表，但彼此之间却无法拨正时针。

到底以谁的时针为基准？这是商业文明所必须解决的现实问题。所以，修建钟楼，让全市统一步调，让生活按部就班，让船舶正点启航，成了全体市民的愿望。于是，商界倡导，商会牵头，侨胞捐资，海口市民众志成城，于1928年着手筹建钟楼。

这是一项善举，实则上也是在检验海口商家的凝聚力与号召力。据史料记载，这一行动得到非常积极的响应，香港琼籍商人周文治先生慷慨购置德国制造的大钟捐赠。这一筹建活动历时几个月，直至1929年春天，海口钟楼终于在长堤路边顺利落成。

那是一座拔地而起的五层楼，是欧洲哥特式风格建筑。它平面布局呈正方形，底层拱形大门，中间拱形小窗，四面红砖砌筑，造型独特，出类拔萃，气势雄伟。

这座别具一格的"红楼"耸立在南洋骑楼的对面，雄踞于海甸溪旁，俯视繁忙的长堤码头与过往船只、匆忙行人。那时的海口几乎是清一色的低矮骑楼，所以，人们在很远的地方都可以看见设置在第五层的大钟，即使没有看见，也可以听见悠扬的钟声。

从钟楼诞生那一天起，它始终如一，履行职责。它忠于职守，守望城市的时空；它准确报时，拨动城市的心音；它周而复始，叩打城市的每个灵魂，震撼人们的心灵。

可想而知，当年钟楼是何等引人瞩目，何等标新立异，何等动人心魄！它让市民大开眼界，它给人们工作、生活带来了极大便利，它激活每个恪守信用的商业细胞。

钟声送走黑夜，迎来朝霞；送走旧时代，迎来新世纪。它敲响日寇丧钟，它眼看蒋家王朝覆灭，它欢呼共和国新生，它每时每刻都见证海口的城市足音与历史变化。

城市历史从某种意义上讲就是商业史。商业繁荣，百业兴旺，是经济发展、社会进步的客观反映。现代商业是城市的灵魂，商业繁荣兴旺是一座城市的生命力，这是钟声传递的生命之音。

时间就像海甸溪水一样，日夜不停，不断流逝。由于长堤路一再扩建，钟楼于1952年和1987年曾经两次迁建，并由五层改为六层，大钟也顺时应变，由机械钟改为电子钟。改建后的海口钟楼，不仅保持原有建筑风貌，而且整体上显得更加和谐，更加壮观。

海口钟楼成了滨海滨江城市的商业灵魂，成了一道非常亮丽的风景。试想，海口钟楼的时针不是正在督促人们珍惜时间，

遵守规则，提高效率，确保商业守则运行吗？

依然是长堤路，但早已向东向西延伸，成了环市通道，后来一再拓展，变得更整洁，更加美丽，更加宽畅。那是按照现代城市的交通理念所设置的无障碍式的循环，让人真正领略了"车如流水马如龙"的历史意境，使人真正体会到城市人文关怀的深刻蕴含。

依然是海甸岛，但早已不是昔日的小渔村，当年摆渡的船舶早已驶进了历史博物馆。脚下的海甸溪早已架设起人民桥——开始是木桥，不久改建为钢筋混凝土大桥；接着，又建起新埠桥、和平桥，还有新建的跨海立交桥——世纪大桥。海甸岛成了商家的必争之地，成了寸土寸金的"风水宝地"，它和新埠岛一道，成了滨海城市两颗熠熠生辉的明珠。

依然是海甸溪，依然一江清流，依然渔舟唱晚，但它唱出了海滨城市最美的诗章。夜钟轻敲，街灯敲亮，敲得一座城市热血沸腾，敲得桨声灯影中的海甸溪异彩纷呈。

溪流潺潺，灯影闪烁，水中的钟楼摇摇晃晃，缥缥缈缈。咫尺之遥的爱力大厦，更远一点的摩天大楼，这些傍河的现代建筑，向清流投入了一个个真实的影像，但所映照出的却是一座座虚幻的宫阙。这种真实和虚幻所体现的，是海滨城市的亲水性的特点。

有人评说，有人指点，有人欣赏，都说最美不过的是滨海滨江城市的跨江跨海大桥，是横跨两岸的几座大桥上的霓虹灯彩。唐人杜牧的《阿房宫赋》极尽生花妙笔，他描绘"长桥卧波"，疑之为龙；又叹息没有云，美中不足，可是钟楼左右竟有飞龙横江。

水面是城市的秋波。有长桥横卧水面，有霓虹灯彩灿烂，有夜半钟声宛转，有不夜的市声喧嚣。夜半钟声在波光粼粼的水面上轻轻掠过，回荡着对滨海城市的殷切问候，体现了以人为本的亲切关怀。当然，最美的是聆听钟声的行人，他们是城市的创造者。

　　这就是海口钟楼，它是城市历史的文化遗存。它是一位智慧老人，它永远以不疾不徐的音声伴随潮起潮落的海滨城市，它永远俯视车水马龙的街市与虔诚地仰视它的市民。这就是海口钟楼。它铭记城市的昨天，它用"古钟新声"来歌唱现代化城市的明天。

漫步海口老街，探究城市骑楼

回望饶园

　　说起饶园，很多人很陌生，但当年它的名声可大了。它的旧址在现在解放西路妇幼保健院的旁边，早在海口所城拆除之前就在旧所城内，是所城唯一的娱乐场所。

　　人们对饶园、对它的主人饶新孝不了解是正常的，对当年所发生的事情陌生是可以理解的，因为从海口所城拆除至今，已过了几十年，城市面貌早已面目全非。

　　饶新孝（1841—1904年），原籍琼山县演丰乡（今属海口市美兰区）北港岛道头村。清咸丰末年（1861年），他造船"去番"（下南洋），几经辗转，后来定居越南芽庄。经过努力经营打拼，他手中有载重6000吨的轮船18艘、千吨级轮船码头12座，经营12个省的烟、盐、酒等行业。清光绪年间（1875—1908年），他在家乡建学堂、造码头，还在海口所城内建造海南第一家娱乐场所——"饶园"，成为旅越华侨中著名的实业家。

造船下南洋

饶新孝出生于第一次鸦片战争发生后的第二年，那是"海上丝绸之路"贯通海口航道的历史时期。鸦片战争使中国开始沦为半殖民地半封建社会，丧失独立自主的经营地位，导致小农经济的解体。鸦片的大量输入，使中国发生了严重的

饶园巷

银荒，严重败坏了社会风尚，摧残了人民的身心健康，同时也破坏了社会生产力，造成东南沿海地区的工商业萧条和衰落。

清政府全部接受英国提出的议和条款，签订了中国近代史上第一个不平等条约《中英南京条约》，开放五口通商。于是，列强趁机提出利益均沾，致使大量劳力失业。其时，一是海禁逐步解除，当地生存环境恶劣，老百姓为生计不得不铤而走险；二是清政府日渐腐朽，对海路的监控渐趋松懈。正是这种种因素影响，使饶新孝不得不加入流落他乡的行列。

1861年，饶新孝已21岁，听人讲"东走西走，不如铺前与海口"，便到海口转了转，却找不到容身之地。在北港岛对岸的铺前墟，他看到的是来来往往的"番客"（归侨）。他羡慕林市村的先辈陈道裈200多年前就造船"去番"，成就了一番事业。因此，饶新孝也萌生出洋打拼一番的念头。可是，家无余资，买不起船票，怎么办？那就自己造船出海。

要闯大海，远涉鲸波，一个人是不行的。饶新孝便邀林市

村的饶昭聪、陈贵仁等同仁商量：只有大家合力，造船"去番"，才能有活路。说干就干，好在他们都是渔民出身，自小就驾船出海捕鱼，熟习海路；家乡也有海桐树，他们也会锯木，几经周折终于船成。

虽然所造之船不大，但毕竟还能经受海浪袭击。况且，他们都有航海经验，熟悉海上路线，尽管日晒雨淋，海上颠簸，逐浪而行，但有惊无险，终于抵达越南芽庄。刚开始时，无业可就，饶新孝便捕鱼出售，慢慢积累资本，然后经营小商品，如烟、盐、酒这些，逐渐发展起来。

2000多名雇工为其效力

饶新孝深深知道，自己来自海南，无有所恃，只能拼命向前。海南有句土话："出土蚯蚓不回穴。"既然出了门，只能奋勇向前，没有其他退路，所以他干起活来奋不顾身。最初经营烟、酒、盐这些物品时，他靠的是肩挑，一双铁脚板到处走，积丝累寸，靠点滴积累。

位于越南中南部沿海地区的芽庄，那是庆和省的省会城市，就坐落在芽庄湾内。这里三面环山，一面环岛，是优良的避风港湾。芽庄素以淳朴恬静的海滩闻名于世，现已成为一座新兴的海滨度假胜地。当年，初来乍到，饶新孝挑着担子在太阳炙烤的沙滩上兜卖。尽管四周树木郁郁葱葱，海水清澈透底，还有美丽的珊瑚礁，但饶新孝没有心情欣赏这些景色，他关心的是挑担中的商品卖出多少，剩余多少，如何卖完。

机遇总是留给勤奋工作的人。饶新孝吃透小本经营的秘诀：不怕吃苦，态度极好，服务最佳，薄利多销，赚回头客……所以他的商品总是比别人的卖得好。卖多利润多，及至积累渐多，他大胆转型，购买运输船只，经营码头行业，投资商业运输，事业越做越大。

《民国琼山县志》有一段对饶新孝的记载：经过十几年的打拼，饶新孝在越南已拥有6000吨轮船18艘，千吨级轮船码头12座，拥有堤岸、芽庄以及西贡半数以上海上交通运输业和越南沿海省份各港口的货运权，同时还经营越南12个省的烟、盐、酒等行业。

从替人打工到雇佣别人，饶新孝非常理解当雇工的辛酸。他很能体谅工人，给的价钱比较合理，工作时间也相对不太长，所以很多人愿意在他的手下干活。最兴盛之时，他雇的工人有2000多人。由于饶新孝的企业经营状况良好，名声越来越大，事业做得越发顺风顺水。

兴建海南第一家娱乐场所

饶新孝是那种爱国爱家的华侨，有了一点积累，便想方设法回家乡投资。回忆当年初出茅庐，在海口所城转悠，无处落脚，想找一处娱乐场所休闲一下，都不知何处寻觅。这番回乡，故地重游，无限感慨。转瞬之间，几十年已过去，他萌生建一处娱乐场的想法。

在哪建娱乐场？几番考察，几处审视，他决定在西门街与

北门街之间置地数十亩，在那兴建一处娱乐场所，既作为落叶归根终老地，也实现长年胸怀的报效故园的愿望。当他把这个决定告诉别人的时候，有人劝他说：在那里建娱乐场所，你的钱说不定打水漂。

1875年至1894年，那正是海口骑楼老街开始华丽转身、大量兴建骑楼店铺的兴盛时期，饶新孝趁机投资娱乐项目，在1894年至1897年的3年时间内，在海口所城里兴建了海南第一家娱乐场所——饶园，并在饶园中建海口永乐戏院（英国人称之为"中国戏院"）。这些建筑告慰了他的乡土情思，饶新孝成了原琼山县早期旅越华侨中著名的实业家。当年，饶新孝还从越南运回大批柚木、石料，在北港岛建学堂、造码头等。

清光绪二十年（1894年），饶新孝已50多岁。事业初成，他开始联系班主集资，戏院围墙、戏台搭设，均采用青竹建造，人们称之为"竹世界"。演戏以琼剧为主，亦有粤剧、京剧、杂技团等间或租用演出。饶园，留下了海口的城市印记。这里有各种独特的娱乐，最有意思的是"梅花桩"：在摊位上立一木桩，出谜语供顾客猜。比如，把儿童放在篮子里，吊在木桩上让你猜，猜到就可以拿奖。还有"车马炮""鱼虾蟹蛤"等娱乐项目。

骑楼记忆——饶园

岁月流逝，街市嬗变，随着饶园的声名日大，饶新孝也渐渐进入了暮年。长年的海上颠簸流离，他的身体健康受到严重损害，体弱多病，气力不支。清光绪庚子年（1900年），八国联军入侵，京城形势危急，国内时局艰难，他审时忧世，卧病不起。当年，家人祝贺他六十大寿，他了无兴趣，嘱托家人管理好家园，经营好饶园，切切小心谨慎。

戏院之所以叫"永乐戏院"，是因为饶新孝一生有所追求，希望人们永远快乐。由于戏院设在饶园广场之中，紧挨着西门街，西门街便更名为"永乐街"。那里的"永乐街""永乐戏院"的确是一个"永乐"的游乐场所。那一处街市，五花八门，杂耍汇集。此外，饶园还兼营中茶、黑咖啡，还有各色小食，吸引大量吃客，小街热闹非凡。

当年饶园声名之大、影响之远，人们赞不绝口，但也因此遭受厄运。那是军阀割据、战乱不断、民不聊生的艰难时代，饶园后来被军阀占据，几番易主，无可奈何。

1919年，琼崖镇守府迁往饶园；1920年，设立琼崖善后处，公署依然在饶园；1928年，广东省分设东西南北四大"善后区"，其中南区善后公署仍然设在饶园，辖高州、雷州、琼州等28个县以及海口、北海和梅箓3个市，饶园成了军政重地。

今日，骑楼老街荣获"中国历史文化名街"称号，中山路熙熙攘攘，解放东车水马龙，昔日永乐街已不复存在，只留下一条饶园巷。听老海口说，已没什么人知晓饶新孝，提"饶园广场""永乐戏院"也已陌生。不过，值得欣慰的是，饶新孝兴建饶园的愿望以另一种方式实现了。老海口留下饶新孝和饶园的故事，成了城市发展史上的时代印记。

绕不开"椰子园"

说起"椰子园",海南全岛各地有好多处。但这里所说的,是专指海口滨海大道北侧的原海军424医院,又称滨海医院,原来的名称就叫作"椰子园"。那是海口历史悠久、闻名遐迩的文化圣地,是有历史况味的文化园地。

说说骑楼老街,要说的事情可真不少,可是怎么说也绕不开这个"椰子园"。"椰子园"就位于海甸溪的旁边,枕着一溪清澈的流水,见证了海口城市发展的历史。它就在海口的外沙(今得胜沙路)附近,原先潮涨的时候是一个小岛,坐落在海口港门的西岬角。

《道光琼州府志》记载:清初,建海口左右水师营,统管辽阔的海域——东起乐会县的博鳌港,西抵临高县的马角,北接雷州府的海安洋界。其间,分设大小炮台9座(左营东路5座,右营西路4座)。到了乾隆初年(1736年),海口港门因地理位置显要,设立了海口东、海口西2座炮台,西炮台就设立在

"椰子园"北端，雄视海甸溪面。

在海南岛沿海，大凡构建炮台的军营驻地，守备官兵都喜爱种植椰子树：一是可作为掩蔽之用；二来可以遮挡太阳；三可采摘果子食用，有诸多好处。因此，上百年来，海口西炮台小岛便先后种上不少椰子树，今日已蔚然成林，故后人便称之为"椰子园"。

据《宣统琼山县志》，乾隆年间，因为江水冲刷，海沙阻塞，海口港门淤积，大舟难行。海船曾因此改道"由椰子园溪，经盐灶港（今关尾北帝庙一带）北入大海"。1917年，朱为潮等编纂的《民国琼山县志》记载：（椰子园）与得胜沙街尾的洋务局、关上街尾的医局隔河相对。当年，小岛地图上也标注是"椰子园"。

当年海口是一座水城，河沟纵横交错，交通不便，进进出出离不开船只。自然而然，进出"椰子园"都必须借船通航。因为隔绝人流，"椰子园"比较封闭，没有船无法进。现在的"椰子园"进出非常方便，顺着车水马龙的街区，从长堤路穿过爱力大厦，过红绿灯便到达。

1926年夏，海口瘟疫流行，救治失措，情况危急。当年，商界人士目睹城市惨状，谋求救助的办法，考虑设立医院留治病人，控制传

椰子园

染病的扩散。于是,商家倡议:设立海口"海南医院",选址就在得胜沙街尾的"椰子园",并于1930年底建成投入使用。

当时,华侨对城市建设极其关注,非常热心投资公益事业。在"椰子园"西边,开始建起2层楼高的西式建筑——绿瓦红砖的明吉楼,作为传染病医院,那是旅泰华侨沈明吉慷慨捐资建设的,面积大约400平方米。在"椰子园"北端,兴建了一座2层楼高的树丰楼,作为肺结核病的疗养院,那是旅泰华侨林鸿高、林鸿泽两兄弟为他们的父亲林树丰所捐建的,面积大约有1200平方米。香港琼籍的殷商周雨亭先生捐建了周昆章纪念室1座,那是基座高约2米的单层平顶钢筋混凝土的建筑,面积大约有300平方米,作为当时院长的住处。

旅泰华侨林树森看到"椰子园"隔着水域不便进出,便主动捐建1座树森桥,便利海南医院与"椰子园"的交通。侨领慷慨解囊,众志成城,椰林繁茂,风景幽美。

1937年,海南医院不知缘何停办。当年,"椰子园"便改建成海口公园,经过绿化、美化之后,变成了海口名园,环境幽美。

1939年2月10日,日寇侵琼。由于"椰子园"雄踞海口港门,地理位置十分重要,被日寇霸占为日本海军十五警驻地,增建部分日式木板高脚屋。日军占领"椰子园",虎视城区,日寇出动兵力,干尽坏事,丧尽天良,城市景状十分凄惨。

1945年8月,日本投降。次年,国民党广东省府特设"广东省府琼崖办事处"于海口"椰子园",主任是蔡劲军。蔡劲军同时还兼任广东省第九行政区督察专员和保安司令,"椰子园"便成为历史上琼岛最高机关驻扎地,进出"椰子园"成为一时殊荣。

1947年秋，海南同乡及热心教育人士创办私立海南大学，同时设立附属中学和附属小学，有学生近千名，选址在濒临大海、环境幽美的海口"椰子园"。因此，海口的"椰子园"便成为历史上海南最高学府的所在地，那是"椰子园"扬眉吐气之时。

1950年5月，海南解放。第二年元月1日至6日，海口市第一届体育运动会在海南大学椰子园运动场隆重举行，参加大会的有机关团体、学校等100多个单位的运动员和观众共5000多人。同月9日，海南军政委员会派军事代表接管海南大学，并改海南大学为南方大学海南分校，作为新中国培养本地干部的基地，"椰子园"又成了人们羡慕的场所。

20世纪50年代，"椰子园"移交给中国人民解放军海军水警区。1963年改为海军424医院。因为"椰子园"的南侧面临滨海大道，近年又改名为滨海医院。如今的"椰子园"临近长堤路爱力大厦，是救死扶伤的圣地。这里虽然僻在一隅，但交通非常方便，环境幽静，满园树木繁茂，鸟语花香，景观优美，适宜人居，是一处难得的休养治疗的好去处。

今天，海口城市建设突飞猛进，古海口不少椰子园已先后消逝，代之而来的是一条条笔直的椰树路、椰树堤，是交通便捷的康庄大道。唯一不变的是港门"椰子园"依然如故，园中尚存不少高耸入云的百岁椰树，傲然挺立，在炎夏的烈日之下，宛如一把把绿色大伞，给人们遮阳乘凉。每当秋季海风习习，这里椰叶拥摆，恰似少女碧绿的彩裙，随风飘荡。

海口地标"五层楼"

一座城市的发展史，就是这座城市的建筑标志不断刷新的历史，就是城市建设者为刷新城市建筑标志而甘愿付出毕生心血乃至不惜冒风险、舍生忘死为之奋斗的历史。

我想说的是我居住的城市，是百年沧桑"五层楼"，是骑楼老街的最高建筑。因为它，因为海口的城市地标，它的诞生与成长见证了这座城市的历史，见证了城市的文明史。

岁月沧桑，百年流逝，得胜沙老街最高的"五层楼"早已隐没在城市建筑的水泥森林中，变得容颜枯槁、形体憔悴、老态龙钟，但仍光华难掩，无法抹去城市地标的辉煌。

城市地标就是城市形象，是一座城市年轮中财富和技术的炫耀，是独具匠心、出类拔萃的印象，是令人仰视、叹为观止的风范，是融合城市文明和本土价值的历史记忆。

20世纪30年代，它是海口市的第一高楼，曾经是海南人茶余饭后的话题。这座巴洛克风格建筑的落成，使周边的四牌楼、永乐街、博爱街等骑楼商厦相形见绌。

此后，在长达28年的漫长岁月里，"五层楼"一直是海滨城市的制高点。当年，这里设置的舞厅、影院、咖啡厅、豪华酒店，里头灯红酒绿、轻歌曼舞、裙裾飘曳；达官贵人、华侨商贾云集，仕女如云……

当年，电影院还

"五层楼"已成为批发商场

是稀罕的设施，咖啡厅神秘莫测，而灯红酒绿的轻歌曼舞更是令人难以捉摸，豪华酒店是是非非……于是，"五层楼"便成了虚幻又神奇的风靡一时的场所。

拨开岁月的烟云，回归城市的现实，"五层楼"的建成在海口城市建设史上赫赫有名。它恢宏大气，别开生面，使人大开眼界，树立起城市建筑新标杆。它是城市开放的产物，树起的不仅是城市地标，更重要的是凸显华侨眷恋故乡的爱心和建设海口的信心。

从"五层楼"奠基、落成到投入使用的20世纪30年代，那几年是海口城市建设史上街区逐日扩大、骑楼逐渐兴建、商贸日益繁荣、中心城市地位确立、迅速超越琼州府城的鼎盛时期。

漫步海口老街，探究城市骑楼

人们项背相望，民间流传种种传说，但很少有人知道它背后的彻骨之痛。

事情要从20世纪20年代说起，从大批海南人"去番"说起。那时，文昌市铺前镇中台村吴乾椿的母亲寻思：家境贫穷，盖不起房，几个儿子挤在一起，娶不起媳妇，"去番"才是改变命运的唯一出路。于是，她卖掉唯一的4分田，为儿子筹集去越南的路费。

那是一条希望之路，也是生死未卜的不归路。村里人"去番"，有的葬身海底，有的埋骨他乡，有的衣锦还乡。不过，吴乾椿还是幸运的，他到越南投靠在河内做生意的叔父，在叔父的商店里做店员。

吴乾椿精力旺盛，工作之余他喜欢下舞场，这让叔父内心不满。为此，他多次被责骂不务正业。其实，舞场也有商伴，也有商机，为寻求商机而受叔父责骂，有口难辩，血气方刚的吴乾椿赌气出走，从河内辗转到海防市。他到那里投靠另一个叔父，得到理解，借到光银，倒卖山货，生意做得比较顺利，赚到人生第一桶金。

赚了点钱，吴乾椿返乡探望母亲，盖了祖屋，买了田地。有人以为，吴乾椿从此会守住田园，炫富乡里。然而，他不是田舍翁，而是商业天才，他志在驰骋商海，搏击风浪。他也是孝子，孝敬母亲，在家小住一时，不久便背起行囊，跨洋过海，再次来到越南河内。

再次来到河内，吴乾椿并不急于开展业务，而是考察市场，捕捉商机，他的目标是在大流通中做大生意。据说，他纵观时局，看到欧洲战场炮火连天，商船停开，大量蔗糖堆积，他当机立断，倾其所有全部收购，大量囤积。不久，战争停息，糖价飙升，大赚一笔。

吴乾椿虽然读书不多，但头脑灵活，视野开阔，嗅觉敏锐，胆大心细。他多年经营，信誉第一，人脉很广，信息灵通，财富迅速积累，开始在越南商界崭露头角。不久，他进入金融界，成了法国银行驻越南防城总代理，在当地拥有两条街的几十家商铺，资产雄厚。

他不是稍富即安的守财奴，而是雄心勃勃的企业家。虽然经商致富，在越南商界已是有头有脸的人物，但他觉得有些欠缺。他缺什么呢？缺一份故乡情，缺一份发展家乡商业的宏伟蓝图，缺海南人走向全球市场的雄心壮志。于是，多年来的愿望开始生根萌芽。

为此，吴乾椿灵机一动，做出一个石破天惊的决定——从银行贷款，到海口建造"海口第一楼"。这份雄心壮志的背后是浓浓乡情，是游子的决心，是让故乡迅速发展至可以比肩世界的愿望。可是，当时法国殖民统治者"规定"，在越南银行贷款只能用于越南本土，违规者将被严惩。但是，吴乾椿觉得，账目清楚，来去分明，商业资金用于商业，并非偷窃。

当时，碰巧东方银行越南分行行长是吴乾椿的文昌老乡，两人过从甚密，是"拜把"兄弟。这位行长也是乡愁如水，是有胆有识、敢作敢为的人。考虑到吴乾椿实力雄厚，偿还贷款根本不成问题。这位老兄大笔一挥，贷给吴乾椿大笔资金，帮他在海口建造"五层楼"。

从谋划到建成历时数年，占地面积2000多平方米、建筑面积6000多平方米的海口"五层楼"终于在1935年开门迎宾。

漫步海口老街，探究城市骑楼

"五层楼"的布局大气，造型优美，浮雕精致，多彩多姿，整体上充分体现了骑楼建筑的艺术之精美，堪称巴洛克式建筑艺术和洛可可装饰艺术的结晶。

"五层楼"屹立街头，美轮美奂，在南洋骑楼中鹤立鸡群，格外引人瞩目，在海南岛与雷州半岛引起了轰动，产生了旋风式的商业效应。多少商家为此而来，可是吴乾椿却因此横遭劫难。就在"五层楼"开始封顶的时候，吴乾椿"违规贷款"遭到举报，被政府判处充军。

听老人说，当年吴乾椿被捕，结局相当悲惨。他的妻子去探监，见他全身涂满沥青，在烈日下干苦力，夫妻相拥而泣，惨不忍睹。本来，金融借贷是正常业务，有借有还，并不犯罪。可是，资本法则是掌握资本者制定的，吴乾椿无权制定法则，反倒成了法则的牺牲者。

一代商业英才含冤去世，未竟事业由儿子吴坤浓撑持。然而，"五层楼"似乎命运多舛，好不容易撑到开业，乐极生悲，吴乾椿的孙儿在楼顶放风筝失足摔死，喜庆遂成悲剧。开业几年，短暂的商业繁荣使人暂时忘却接二连三的灾难。但，1939年，日寇侵入琼州，"五层楼"被霸占；抗战胜利后又被国民党军队盘踞。海南解放不久后，工商业改造，大楼被低价收购。

星移斗转，岁月不居。时间到了1963年，海南华侨大厦崛起成了海口新地标；1988年，国际商业贸易大厦落成，成了新的城市地标。尔后，随着城市化进程的加快，摩天大厦如雨后春笋般拔地而起，不断刷新城市标高，商业中心位移，"五层楼"开始淡出人们的视野。

城市建设日新月异，但人们并不喜新厌旧。梳理城市年轮，感受海口历史，人们把眼光投向当年的"五层楼"，追寻建设者的奋斗激情——没有他们的奋斗激情就没有历史街区。吴乾椿满怀激情走尽了人生的路程，身后留下了"五层楼"这座美轮美奂的"海口第一楼"。

历史翻开了新的一页，新时代新事物层出无穷，新的大厦正在书写新的城市传奇，但人们不会忘记"五层楼"传奇，不会忘记那曾经的城市地标：那是一座城市艰难成长的历史。

漫步海口老街，探究城市骑楼

从传统书店到网上书店

全球一张网，世界进入大数据时代，信息瞬息万变，令人目不暇接。

捧一本书，拉一张凳，品一杯茶，过慢生活的日子似乎越来越远了。

面对时代大变局，干脆放下忙碌，闲逛老街，寻找骑楼街区旧书局、书店的遗址，寻访当年老一辈如何阅读书籍、如何消遣时间，倒也是一种难得的生活乐趣。

于是，下决心走一圈，去探寻海南书局，踏访会文书局，查找大众书店。有了这番思想冲动，也就有了一个主题，有了从传统图书到电子图书的阅读体验。

好在这三家书店相隔并不远，于是迈动双腿，从博爱北路开始，先到博爱北路48号，继而走到博爱北路101号，再转到新华北路34号，轻轻松松就走了一回。

街市依旧，人声鼎沸，市场适应需求，店铺已经转让，早已找不到一丝半缕所谓书卷气的韵味。不过，在骑楼老街的出入口，笔者步入水巷口书店，看了一回书。

骑楼老街改造，街区老房子翻修，出入口处拆旧建新，最显眼处建了这家书店，是居于传统与创新之间的一间书店，是读者与书店可以互动、可以轻松阅读的新店。

书店适应形势，正在积极转型，以适应市场，以贴近读者，不过步子迈得并不大。虽然已引入大网络，拥抱互联网，但还没有扫码下载图书、线上线下阅读互动。

认真回想，当年骑楼老街那三家书局、书店，他们如何经营生意呢？他们经营的都是文化产业，都是图书销售，同在骑楼老街，同在这弹丸之地，是在竞争中合作吗？

在那个特定时期，选择图书经营，为发展文化服务，他们都是思想进步、胸怀豁达、目光远大的创业者。他们的选择，市场并不大，在人口狭小的范围中谋求发展。

他们与水巷口书店经营年代相距七八十年，笔者尽力探求了解那个年代书店经营者与今天书店经营者的心路历程。没有人告诉笔者所以然，但笔者觉得不同年代结果相同。

都是为了方便读者阅读书籍，张罗着开了家书店，做着小本经营，说不上有多大的经济效益，有多大的利润。也许，经营者本身就爱好读书，于是经营自己的爱好。

据了解，咪咕云书店正在努力打造好书风向标。作为"首届全民阅读大会5G（第5代移动通信技术）新媒体官方合作伙伴"，咪咕正发挥自身平台、内容和技术优势，助推全民阅读深入人心。咪咕数字阅读体验馆依托新兴技术，展现数字阅读新成果，为读者带来新的阅读体验。

漫步海口老街，探究城市骑楼

117

以咪咕云书店为承载，探索文化传播新模式，推动全民阅读，使新型书店以新姿态服务读者。咪咕让读者体验"一本好书，一杯轻咖"的心灵之旅，让"咖啡＋艺术＋阅读"相互融合。新的经营方式改变了读者的传统习惯，大数据技术贴心服务赢得了人心。

是的，水巷口书店选择在群众集中的地方开店，可以说是像当年海南书局、会文书局和大众书店的老板一样，那是一种睿智。人流众多，需求旺盛，得益于骑楼老街的热闹，完全可以相依。咪咕云书店的服务经营产生的影响力是巨大的，它将迅速延伸向全国社区。

水巷口书店是综合经营，是面向广大读者、适应读者的阅读选择。读者可以在店里浏览各种书籍，可以在店里享受片刻悠闲，可以在阅读中品尝咖啡……尽情享受生活的馈赠。在数字化阅读时代，能够静静地品读一本纸质的书，这是很多阅读者很乐意的享受。

想来，随着数字技术的发展，传统书店完全可以"变脸"，让读者购买互联网给予的优质服务，在书店购买数字化图书，即通过扫描二维码，下载书籍，带回家阅读。这也是一种市场化的经营模式，毕竟大数据时代，5G的普及开通，创造了极其便利的条件。

当然，读者也可以从网上自助下载电子书。但是，书店是专业经营书籍的机构，总比读者更多了解畅销书的情况，可以集中销售更加便宜的书籍，起到桥梁的作用。我想，在商言商，经营书籍的书商纵横书海，书店的专业水平总比普通读者要精明老道。

可不是吗，水巷口书店早已综合经营，他们肯定会扩大经营范围，或者引导读者进行互动，探讨共同构建互联网数字化阅读方式，使倾向数字化阅读的读者比例明显增加。虽然笔者顽固地固守纸质书阅读，但数字化世界发生日新月异的大变化也许将"迫使"或诱导我改变。

个人认为，网上书店开展竞争，想做大做强，需要不断完善和创新。一方面，网上书店应利用大数据等新科技进行模式创新。通过建立网上书店数据库，增加用户人数、增强用户黏性。与此同时，建立电子图书销售体系，方便用户既能阅读纸质书，也可以利用零碎时间进行数字化阅读。另一方面，网上书店在注重创新的同时也应该努力提升服务质量。所以，网上书店的发展应顺时应变，与人工智能、5G等新技术融合，不断推出适合现代社会的新型服务，让读者体验新技术新服务，吸引更多读者接受和使用。

笔者相信，这一天肯定会到来，不管笔者是抵触抗拒还是欣然接受，都不会阻挡它的步伐。因为行走骑楼老街，寻觅早年书局、书店，偶然生出如此感想，更何况我并不反对，而是表示欣然接受，像我行走老街乐意寻觅书店一样。言归正传，还是寻觅书店，享受行走乐趣。

海南书局的沉浮

写下这个题目，心中大不愉快，不由自主地为海南文化命运坎坷而慨叹。不敢相信，这是海南书局的经营旧址，这曾是

体现海南精神的书局旧址，是历经磨难的文化圣地。

　　海南书局创办之初是书店兼出版社，地址在博爱北路48号。书局创办于民国初年，老板唐品三。1939年2月日本侵略琼州之前，海南书局对海南文化发展影响巨大。

　　开办之初，唐品三作为海南文化名人，他邀请留学日本回国暂住的王梦云一道，搜寻海南先贤的文化遗著进行编辑、校勘，得到王梦云的鼎力支持。当年，海南书局先后校勘《海南丛书》等历史文献有16种之多。因为唐品三善于经营，海南书局当年影响较大。

　　由于经营得当，海南书局效益较好。后来，抗日战争爆发，获悉日军登陆海口，唐品三便逃往广州湾。他乘坐的小帆船乘夜到达广州湾西营，居住在荔枝园。半个月后，他的妻子儿女也来到广州湾。为了营生，唐品三在赤坎开设南华书店，并将子女留在广州湾读书。抗战时期风云变幻，他当年预计，如果留在海口，势必逃不脱被迫当日本汉奸的危机。

　　日本侵略者正式登陆海南岛是在1939年2月10日凌晨。此前，已在海南活动多年的日本商人胜间田善作（日军间谍）通过熟人，两次寻找唐品三（时任海口商会会长），说是海口不久会有事，希望他这段时

海南书局

间不要离开家乡，就留下来维护海口商场的秩序。

唐品三的儿子唐南椿回忆说："1939年2月10日，当时父亲正在海口市中山路的商会开会，其间接到国民党琼崖守备司令王毅的电话，让商人们做好撤离准备。父亲当年经营的海南书局在博爱北路，离商会不远，便匆匆赶回家，动身前往下洋村的大悲阁。"

唐品三委托庙里居士转告妻子，说他坐船前往徐闻，否则日本人会逼他当海口维持会会长。他不愿意当日本汉奸，必须尽早离开海口这是非之地，到他乡暂避锋芒。那位老居士佩服唐品三的气节，告诉他"现在庙里住一个日本尼姑"，这消息使他更加警觉。

唐南椿回忆说："当天夜里，唐品三睡梦中听到有人叫他。那是凌晨3点多，他起床步行到南渡江东岸的东营港，找到表兄吴杰三，交给他200大洋，委托他租一艘小帆船到广州湾。那个时候，日军已派小艇在海口湾巡逻，幸好父亲如愿以偿抵达湛江西营。"

好在朋友帮忙，唐品三妻子先是躲进法国天主教开办的育婴院——那是唐品三曾经捐助的。在一起住的还有大女儿、三弟、四弟、五弟和妹妹。胜间田善作贼心不死，日军登陆不过3天时间，他就带着两个人到育婴院找唐品三妻子。法国人不让他们见面，他便谎称是要归还海南书局财产，须与老板娘当面交流，以偿还所欠海南书局的部分资金。

征得唐品三妻子同意，胜间田善作一见面就追问唐妻："品三先生去哪儿了？"得到的回答是："死了！"后来，胜间田善作又到来，说请唐先生出来谈谈，但是闭口不提书局的事。

漫步海口老街，探究城市骑楼

日军上岛半个月之后，唐品三妻子也悄悄离开海口，坐船到了广州湾。

在广州湾西营，由于没有生意可做，唐品三便去香港，在那时合股买下在西营盘的一家破产工厂，成立华英公司，生产胶鞋，不过，生意做得虽顺利，收款却很难。尽管唐品三逃难外埠，但他心里仍惦念着海南书局，惦念在博爱北路苦心孤诣创办的文化产业。

唐南椿记得："1941年12月8日星期　早晨，我去上学，看见有不少飞机盘旋，只见校长站在门口边哭边说：'孩子们，回家去吧！日本人要来了！'"日本人从九龙岛进攻香港，时间仅仅18天。此前12月6日，唐品三跟朋友去了澳门，得知日军占领香港，便把一笔钱交给一个钱庄存放，然后回广州湾。

1943年1月，唐品三在广州湾赤坎开了一家南华书店，还派人回海口日军"报道部"（日军占据海南书局后更名）找日本人讨还文具，但日方拒绝归还书局图书。后来，唐品三才知道，日军占领海南书局，发现里面有大量抗日书籍，其中有不少是书局出版的。当时，日本人针对唐品三做出两个决绝决定：要么拉拢，要么杀掉。

形势如此危急，当时唐品三还蒙在鼓里。不久，日军占领广州湾，唐品三再次逃亡，逃往吴川的梅箓镇，继续开书店，做书本生意。唐品三颠沛流离的悲惨遭遇，就是抗日战争时期海南出版界"书痴"的悲惨遭遇，同时也是日本鬼子扼杀文化的罪证。

1945年8月，日本宣布投降。这一年的10月，唐品三返回家乡，回到海南。唐品三回海口后去找日本人，想要回海南书局。他出示了房契和相关证件，可是日本军方声称，他们不能将房产交给个人，只能移交国民党政府。不久，国民党军方接管了此处，改名为琼崖日报社，他们也不愿将海南书局交还唐家。唐品三后来就此事去找过广东省政府委员兼琼崖办公处主任、海南行政督察专员蔡劲军，也没结果。

对此，唐品三极为不满，他感叹地诉说：国民党政府比日本人更耍赖、更腐败。1947年，唐品三在家中突然昏倒，能操一口流利海南话的海口福音医院院长、美国医生陈大业上门探望，建议他到福音医院住院，但唐品三坚持去自己参与创办的海南医院治疗。

当时，福音医院的医疗技术要比海南医院的强得多，但唐品三出于民族气节，婉拒了陈大业的好意。10天后，唐品三病危出院回家，不久逝于家中，享年61岁。

唐品三走了，一代文化名家走完了他最后的人生路程。他的民族情结，浩然大义，是那一代知识分子的凛然正气，为海南书局发展做出了突出的贡献。没有他的不懈努力，海南书局不会创造那么美好的历程。这条街，这间铺，永远不会忘记海南书局。

回忆当年的海南书局，店铺宽敞，前后四进，中间有2个天井大庭。两侧有横廊。店铺后面摆设10多个大型书架，里面陈列各种图书，供读者选购及阅读。底下两进经营，楼上整齐有序地堆放各种书册，以销售教科书为主，兼营各种图书以及文化教育

唐品三遗像

用品。

海南书局卓有成效地经销图书，他们根据内部条件，自主设立印刷部，聘请社会名流编辑、校勘和出版地方文献，如《海南丛书》《大学衍义补》《琼州府志》和各县的县志。当年，唐品三的不懈努力取得的成效斐然，对继承弘扬海南文化起了积极推动作用。

会文书局的遗憾

行走老街，出于习惯，比较关注书店，关注骑楼街区的三大书店。好在相隔不远，沿着长廊走很快便找到会文书局，当年骑楼三大书店之一，地址在博爱北路101号。这是一个家族式的商店，陈家独自出资经营，参与竞争，老板先后为陈锦堂和陈鼎祥父子。

陈鼎祥，祖籍文昌市锦山镇南埠桥坡村，1914年出生于海口。他的父亲陈锦堂一生经商，瞄准文化产业，创立会文书局，与海南书局、海口大众书店齐名。当年，陈锦堂从锦山来到海口，顽强拼搏，他本来身体就不太好，不时生病，书局经营较困难。

1921年，陈鼎祥在流海小学读书，后在市一高小学读书。1927年到1930年在府城琼海中学读初中，1931年就读于香港九龙补习学校，因父亲多病和语言不通，不久便返海口在父亲经营的会文书局当采购员，经常出入广州、香港一带，接受先进思想。

1937年抗日战争全面爆发后，陈鼎祥主持经营，不畏风险地添购各种进步书刊。除销售左翼作家鲁迅、茅盾、冰心、郁达夫等人的作品外，还销售邹韬奋主编的《生活周刊》和陈独秀主编的《向导》周报。会文书局的业务有效拓展，对传播新文化起了促进作用。

1939年，日寇将侵略之火烧到海南岛，陈鼎祥安排

会文书局

家人逃往湛江，他自己坚守会文书局，代任经理照管生意，销售存货，接济家人生活，经历了战乱时期的众多苦难。

在日本军队侵略琼州之前，会文书局与海南书局、海口大众书店展开竞争。该店早期经营中小学课本和《本草纲目》《黄帝内经》《中国医学大辞典》《中国药物大辞典》等100多种中医药图书。注重特色经营，传播医学文化遗产，会文书局在经营中取微利。

1946年，陈鼎祥当选为海口商会理事。为繁荣海口经济，陈鼎祥针对当时商业人才奇缺、管理混乱的状况，想方设法，发起创办海口长春商业技术学校。1947年10月成立校董事会，陈鼎祥是10名董事会人员之一。抗日战争胜利后，陈锦堂不幸逝世，陈鼎祥接任会文书局经理，直至1955年。后来，陈鼎祥加盟支持海口惠爱中医院，担任董事。

当年，海口商界创办的私立建华中学，陈鼎祥被选为董事。

漫步海口老街，探究城市骑楼

1950年，陈鼎祥组织工商界人士参加庆祝海南解放、劳军、救济活动。同年11月，参加海口市委、市政府召开的各界人士支援抗美援朝代表会议，他组织工商界人士，热情、主动、踊跃为"抗美援朝、保家卫国"开展捐献。由于陈鼎祥带头捐献，第一次捐献就购买了1架"海口市工商界号"战斗机送往朝鲜战场；接着，又发动第二次、第三次捐献，超额完成捐献任务。

1951年至1958年，陈鼎祥任海口市工商联主任委员期间，团结商界人士，协助党和政府做了大量有益的工作。

1953年，海口市工商联举行第一届会员代表大会，发出《向人民志愿军致敬电》《向中国人民志愿军司令员彭德怀暨全体指战员致敬电》，表示海口市工商界人士支援抗美援朝运动的热情和决心。1952年，在"三反"（反贪污、反浪费、反官僚主义）、"五反"（反行贿、反偷税漏税、反盗骗国家财产、反偷工减料、反盗窃国家经济情报）自查中，陈鼎祥自己带头缴完税款，并积极做同行的思想工作，使自报、评议、入库的工作顺利进行。在推销国家建设公债中，他除了主动认购之外，还协助政府反复进行思想发动，使购买建设公债任务顺利完成。

在引导私营工商业者接受社会主义改造的工作中，陈鼎祥协助党和政府，认真贯彻执行党的总路线，召开各行业全体私方人员座谈会，号召私营工商业者听毛主席的话，认清社会发展规律，接受社会主义改造，带头把自己在幸福食品厂的股份主动申请公私合营。

1956年，陈鼎祥加入市民主建国会并任副主任委员。由于陈鼎祥听毛主席话，跟共产党走，1951年至1958年被推选为海口市各界人民代表会议代表，1956年至1958年被推选为海口市政协副主席。

1959年至1982年，他任市商业局副局长。1962年，再次被推选为市政协副主席。1983年，当选为海口市人大常委会副主任。1987年9月，陈鼎祥逝世，享年74岁。

会文书局结束了历史命运，陈鼎祥也走完了人生历程，历史留下无限遗憾与感伤，给后人以凭吊。回顾当年风风雨雨，在战乱中坚持兴办文化事业，而且一度做得风生水起，这是何等的艰难。今日，看着会文书局的旧址，看看骑楼老街，心中无限忆念此位先辈。

红色大众书店

在大革命战争时期经营书店，在骑楼老街开店经销，的确是有胆有识之举。更何况这家书店是在白色恐怖的腥风血雨中暗地销售红色书籍，使人不得不由衷赞赏。

那是大众书店，与海南书局和会文书店齐名。该店旧址位于今海口市龙华区新华北路34号，是一处革命秘密联络点。后来，那里成为进步人士、革命志士救国救民的重要据点，成为琼崖革命思想的传播地，也是中共琼崖特委组织开展抗日救亡运动的重要阵地。

大众书店，开宗明义，声言开店为大众，是为大众读书而开的一家书店。现在，海口大众书店虽然已经被商业竞争所替代，但是，革命先烈不懈奋斗的理想却由此传遍海南。以大众书店的文化名义传播与宣扬革命理想，掩护与联络革命志士，

漫步海口老街，探究城市骑楼

大众书店旧址

义无反顾地为民奋斗、舍生忘死追求真理的坚定信仰使血脉赓续，他们的精神薪火相传，激励后辈奋斗不已。

1938年3月，为更有效地开展抗日救亡运动，团结一切可以团结的力量，共同抗击日本侵略者，由中共琼崖特委组织、海口市工委协助，在海口新兴街创办大众书店。当时，共产党人在白色恐怖中蓄势待发，在根据地之外的地区，党组织只能转入地下斗争。

当时，党组织以书店为掩护，散发革命传单，传播《大众哲学》《新华日报》《新生》《永生》等多种进步刊物。这些进步刊物广泛发行，大力宣传中国共产党的抗日主张，对推动琼崖抗日民族统一战线的形成起到了积极作用，有力地配合了琼崖特委的抗日宣传。

大众书店的创办经营，使其成了琼崖地下党组织在城市开展宣传抗战的一个重要阵地，也成为中共琼崖特委组织在骑楼作掩护开展抗日救亡运动的重要据点。当时，大众书店既向外出售进步图书，又接送、掩护地下工作者，主要职责是接送上级派来琼崖指导工作的同志，接洽各方面的革命志士，成为琼崖特委在海口市的一个革命斗争的秘密联络点。

当年，冯白驹同国民党琼崖当局谈判期间，曾经留住在海口大众书店。由于当时形势紧张，书店负责人不得不一再更换，最初书店负责人是陈玉清。后来，由于工作频繁变动，李黎明、杨启安都负责主持过书店工作；此外，还有谢李森、符俊莲、王玉香等人。

1939年2月10日凌晨，数千名日本侵略者在海口西北角的天尾港强行登陆，开始了对海南岛的残酷统治和掠夺。因形势恶劣，大众书店被迫停止营业。当年，大众书店出售的进步刊物大多由陈鼎祥的会文书局供货。如今，大众书店的铺面已用来做其他生意。

昔日"红色书店"遗留给后辈的是英勇无畏的革命精神。檐口、女儿墙、传统窗……藻饰精美的老街长廊，展现在灰白色的墙体之间，偶尔遥望，那浮雕上留下的历史印痕，仿佛是在悠闲的时光里演奏悠扬乐曲，婉转地拉开了一段几十年前骑楼老街的帷幕。

徘徊新兴老街，追寻红色足迹，在街头流连忘返。寻寻觅觅之中，擦肩而过的是穿着时髦的青年男女，看他们意气风发，但却无法看到当年红色书店隐藏的历史风貌。

也许没有人能想到，当年的大众书店就是革命斗争的一个重要的联络点。公开亮出大众书店的名字，暗地做联络点，充当琼崖地下党的指挥中心和革命斗争联络中心。

这是一种意念坚守，这是一种艰苦磨炼。我们党就是这样坚持奋斗，直至取得最后胜利。反过来看，在白色恐怖的艰险中以书店作掩护，这是何等聪明，何等智慧。没有大智大勇的思想指导，没有革命必胜的坚定信念，是不可能在白色恐怖中经营红色书店的。

从养济院到现代医院

养济院是明清时期海口所城之内官府特地设置的救助孤贫老人的公益性机构。当年，虽然人口规模并不大，但是孤贫人口生活窘迫，贫困无助，养济院的设置对孤贫老人救助是一种福泽。它与义仓解民饥困、约亭圣谕广训启迪一样，对病弱民众的救助较有裨益。

《民国琼山县志》记载："养济院，在城东关内，原额孤贫四十五名口，原额银八十七两八钱八分，每名合支银一两九钱五分二厘八毫。"县志对原额孤贫人口、银两支出详加说明，但这"原"于何时何月，没有说明清楚，到底是明代开始还是何时，不得而知。

史书记载："康熙四十五年（1706年），太守贾公棠捐置东厢二土名河口田二十七丁大小八丘……乾隆三年（1738年），奉文自本年始每名每日给银一分，岁银三两六钱，并饬署县事张珵查报额外孤贫四十七名口。"（《民国琼山县志》）此外，还有产婴堂"在海口所城内马房坊（即居仁坊）。乾隆元年（1736年），水师副将苏福介率士商建，房屋两座，共十间"。另外，还有"养病所，生育处，在县治右旁，屋各二间。道光二十年（1840年）署知县许梦麒建，以居病人、产妇之无家者"。

中国是文化之邦、礼仪之都，儒家士子讲究修心养性、仁者爱人。尽管封建王朝官员并不遵守仁道，而且也难免有贪赃枉法之徒，但有良心的官员还是讲究仁慈，善心待民。出于宣传封建社会孝道，府志、县志仍然留下不少"养济善举"，那是传统文化的精髓。

《民国琼山县志》记录有多则"养济善举"的事例，现特选择3则，转录于下：

"海口惠爱医局，创于光绪十一年（1885年），孙家邑、李有庆等禀请道镇府县立案，始由各善董担任医药费劝募，集资将雷琼道义学斋舍改造，移义学于南边，建头门、正堂共二进，并厨、厕各一所，义学余地均拨归医局。继由雷琼道朱采拨定海口猪税年三百两，各行集资发商生息并月捐为经费……并义学旧址，改造倒厅，捐题巨款，重建大门并后进三间……"

"郡城爱生医院，始设于草坡天后庙，由绅商善长捐集银十元生息资赠医药。光绪二十年（1894年），绅商吴为熙、王国宪等执簿劝捐，督工建筑头门乙间、正厅乙座、寝室一座、厨房两眼，厕所俱备，工费银二千余元。冯道光通拨猪税年二百两，并捐廉银千元，刘府尚伦捐廉银五百元，发商号生息，资赠医药，捐题均泐石。"

"育婴堂，光绪十九年（1893年），巡道朱采、琼州府刘名誉、琼山县张士瑆，谕举人粘世昭建设，李有庆、刘振魁协理，

漫步海口老街，探究城市骑楼

经费二千二百余元，朱道捐五百元，刘府捐二百元，琼山县张捐二百元，周道炳勋捐一百元，余由世请县拨仓库秤羡余抵满。由道库拨猪厘年二百两，府拨海防经费二百两，原有琼山县军岭门等庄年四百八十千文作常年经费，购卓家房屋暨长发庵改造，计四十间，详请立案，由绅商值理。今移建惠爱医院南边，归医院兼管。"

此外，还有"普济堂"济孤贫80名，每月每名给口粮钱五百文；孤贫如有病故，支给收埋棺木钱一千六百文。还有"义庄"，凡客死于琼者，皆得寄厝庄内。还有"漏泽园""义冢""郑宅施地""苏宅施地""金盘施地"等，均记于志。

以上种种事例，都是中华民族好善乐施、慈惠爱民的传统美德。进入近代，人口增多，社会问题复杂多变，但受传统文化的熏陶，慈善好德仍然层出不穷。那么多的事例，集中体现在骑楼老街。广大爱国华侨慷慨解囊，捐助资金，兴建医院，令人感佩。

受中华民族传统美德慈善助人文化影响，骑楼老街出现了美国长老会兴建的海口福音医院、法国领事馆创办的中法医院和海内外贤达侨领发起兴建的海南医院。当年，由于环境受限，只局限于骑楼老街。现在，这些医院已成为救死扶伤的现代化医院。

从明清时期的养济院到近现代的医疗救助，从骑楼老街的海口福音医院变成海南省人民医院，新时代新发展给人民医院带来了巨大变化。特别是建设海南自贸港，引进三甲医院海南肿瘤医院等，建设博鳌乐城国际医疗旅游先行区，建设我国首个以国际医疗旅游服务、低碳生态社区和国际组织聚集地为主要内容的国家级试验区，成了国家重大战略。

所有这些都是新时代带来的新变化，是坚定不移地高举中国特色社会主义伟大旗帜所带来的变化。现在，新的医疗机构已迁出骑楼，已以全新的形象遍布全省各地。但是，请让笔者以传统文化视角，审视从养济院到现代医院的历史进程，回顾骑楼老街的医院历史。

海口中法医院

第二次鸦片战争之后，国门大开，传教士纷至沓来，同时也带来西医。从那时候起，西医开始传入海南，至今仅100多年历史，客观上给市民带来不少方便。

1900年是传统的农历庚子年，也是海南历史上罕见的多灾多难之年。这一年，海口天花流行，狭小的街市发生了瘟疫，防护设施根本没有，天花肆虐，百姓遭殃。这一年，法国天主教堂在海口振东街创办中法医馆，该馆为病人施医赠药，在群众中有较好口碑。

1901年，驻海口的法国领事馆在海口得胜沙路92号创办医馆。不久，医馆改为中法医疗所。1923年，医疗所扩建，改名中法医院。1935年，移交给海南天主教会，由天主教传教区主教德文彬、修女罗德贞主持。

当年，海口中法医院有法籍医生及助手8人，其他工作人员由神甫、修女和教徒担任。医院内设内科、外科、妇产科、门诊室、留医室、检验室、手术室、配药室和留医室。这样的设

漫步海口老街，探究城市骑楼

海口中法医院旧址

置在现在看来虽然很平常，但是在100年前使这所医院声名鹊起，较受欢迎。

中法医院有病房28间，可容纳100人留医，在当年规模并不小。因为那个时候，根本就没有医院也没有留医部，更没有专门医护人员负责医疗治理。可以说，中法医院在当年是比较先进的。医院经费主要靠医疗收入支付，时常入不敷出，不足部分由海南天主教会补贴。

旧中国的海南岛，林莽遍野，杂草弥漫，村野萧条，城镇闭塞落后，顽瘴痼疾横行，缺医少药，此时的医院大多由外国教会兴办。清光绪年间，万泉河上游的苗族头人陈日光入山采药遇上狗熊，与之相搏，被熊抓伤，也是由山民抬到嘉积基督医院治愈。

海南解放之后，医院收归国有，人民生活有了较大程度改善。1952年，海口中法医院由海口市人民政府接管；1953年，海口中法医院改名为海口市人民医院，继续发挥救死扶伤的作用。

海口福音医院

骑楼老街的兴起及完善，与自身完备的服务设施息息相关，与医院设立息息相关。早在明代海口所城设立，所城之内就有官府开办的惠民养济院，用以救助伤残病弱民众。

历史资料显示，清咸丰年间，美国长老会在中国海南创办基督教区，教会先后在海南海口、嘉积和那大设立教堂，并先后创办海口福音医院、嘉积基督医院和那大福音医院。

清光绪年间，鼠疫大流行。光绪十一年（1885年），琼山县绅士申报道台立案，倡导捐资在海口雷琼道义学斋（现海口博爱南路）创建琼台惠爱医局。也是这一年，美国长老会派牧师康兴丽到海口调查考察，选关龙镇盐灶村兴建海口福音医院，康兴丽任第一任院长。

长老会是美国历史上第一个明确的保守主义教派的正统教会，他们设立的福音医院前身为海口福音医疗室。福音医疗室的设立，客观上为海口医疗救治起到了积极作用。康兴丽牧师身后，福音医院由美籍华人陈大业任院长，

海口福音医院旧址

医生由长老会派驻。

海口福音医院的设立与发展，吸引了不少海口人的眼光，也救治了不少海口地区的民众。1939—1945 年，日本军队侵略海南，福音医院被迫改为同仁会医院，由日本人主持。可想而知，那时的同仁会医院绝对不会以海口人民为同仁，而是救助日军的战伤者及病危者。

中国人民经过 14 年艰苦卓绝的抗战，打败了日本帝国主义。日本投降后，同仁会医院真正回到海口人民的手中，与海南医院合并，成为真正救死扶伤的海南人民医院（即今海南省人民医院），继续为人民的健康事业做出贡献。

新形势给海南医疗卫生事业带来新机遇与新挑战。人民医院为人民，踏实肯干，锐意进取，开拓创新，为实现"疑难重症研治中心、医护人员培训中心和全院职工圆梦中心"，实现"运营集团化、管理规范化、治疗专科化和医院国际化"目标而不懈努力奋斗！

海南医院

历史上海南岛被称为"瘴疠之地"。《海南岛新志》记载：100 多年前，海南岛常见的"恶疫"有疟疾、钩颈虫病、黑死病（鼠疫）和虎疫（霍乱）等，为害非常惨烈。

《民国琼山县志》记录：清光绪二十一年（1895 年）春，"海口海甸、白沙、新埠各村鼠疫盛行，死亡千余人，棺木几尽。琼州有鼠疫之灾自此始"。此后，瘟疫时有发生，殃及婴儿与老人。1900年，瘟疫从海口蔓延到府城，并且持续近3个月，没人能幸免。

当时，海口地区虽然已有两家教会医院，但是毕竟规模小、床位少，因此从中得到医治者为数不多。1926年夏天，当时的海口地区还属于琼山县管辖，尚未设市。一次突如其来的鼠疫迅速流行，当时医疗条件较差，死者甚众，人人自危，其情其境，十分凄凉。

目睹瘟疫造成的惨状，海口永发商行经理周成梅心急如焚，他发起紧急倡议，呼吁海内外的海南人群策群力，集腋成裘，共建一家医院，救民水火，避免传染范围扩大。这是海南人首次创建的医院，它体现了海南人众志成城、踔厉奋发、不懈进取的坚定决心。

首先，同僚商定，由海口商会副会长何位川和吴为藩、梁骏臣、王国宪等牵头，本土贤达人士普遍赞同，大家同心协力，统筹谋划，决定派员到海外，发动广大华侨捐款，得到华侨首领的踊跃响应。最终，海内外各方侨领118人发起，定名为——海南医院。

开始，初步择定得胜沙路昭应祠作为院址，发起人何位川、周成梅、唐品三等，每人捐助光洋100元，并推举周成梅赴港募捐。当年，周赴香港寻求支持，他第一个找的就是周雨亭（1872—1933年）。周雨亭是文昌市抱罗镇昌锦村人，连任香港华商会会长多年，襄助海南文教卫生事业发展，为扶助乡亲解困做了大量工作。面对周成梅的募捐，周雨亭积极响应，不但慷慨解囊，还作为香港募捐主要发起人，出任筹建董事会董事和名誉总经理。

漫步海口老街，探究城市骑楼

年底，海口市商会拨付捐款光洋1.8万元给筹备处，商议购置得胜沙路外的两块空地，即得胜沙西端及原兄弟庙旧址"椰子园"。随后，按照香港东华医院规格，占地200亩的海南医院开始破土动工。1928年，周雨亭捐资大洋1万多元兴建一座1300多平方米的南楼。

1929年，周雨亭再捐大洋2600元建立院长室，面积300平方米，屋顶门楣上刻有"周昆章纪念室"，用以纪念他的父亲。1930年4月27日，海南医院创建发起人召开第十三次会议，唐品三、朱润深、周成梅、何位川等人出席，决定聘请朱润深（1894—1957年）博士为院长。

朱润深是万宁人，年轻时被基督教会推荐到杭州三江大学读书，尔后转入湖南湘雅医学院，毕业后考入美国耶鲁大学，获得医学博士学位，是海南最早获得美国医学博士学位的专家学者。1925年，朱润深返回家乡，服务于嘉积福音医院，次年受北京协和医院聘请，任该院教授兼医师，其间曾写信给同乡好友切磋筹建新医院事宜。

1927年，朱润深接受家乡函邀申请辞职返琼，担任筹备委员会筹建工程规划委员。朱润深在协和医院的经历，对海南医院影响极其深刻。他模仿北京协和医院主楼样式设计主体大楼，南边院区内有中楼、南楼和北楼，三者之间有副楼将它们连结为一体。

1930年7月1日，投资10万余元光洋的海南医院正式开业。朱润深坐上首任院长位置，还兼任外科和妇产科主任医师。当时，国内其他医院还没有"护理三班制""医师三线制"和医护技术人员"24小时值班制"，而海南医院却早已开始实施，成为全国首创。

刚落成的海南医院中楼也叫正院，正面二层顶端灰刻"海口海南医院"6个大字，如今尚存的便是中楼和连向北楼的那一栋副楼，它们的组合就像一个不规范的字母"L"。南楼也称南院，由香港爱国富商周雨亭捐建，因此正面二层顶端题刻"雨亭楼"三字；北楼又称北院，由泰国同胞王魁文捐建，正面二楼顶端署名"大章楼"。医院的北区是海口闻名遐迩的"椰子园"，在其西边修建了两层高的明吉楼，西式风格，绿瓦红砖，坐南面北，是传染病医院，为纪念旅泰侨胞沈明吉捐建而命名。医院总体布局合理，风格清新。

朱润深给海南医院带来了一股新气象，新风尚。医院整章建制，完善管理，设立员工出入卡片登记处，登记外出事由、住所，遇到急事能立即通知返回。医院工作制度完善，职员职责分明，科室协调运作，整个医院焕然一新，使海南医院发展极其迅速。

1931年，朱润深还兼任医院附设护士学校的校长；抗战全面爆发后，还出任全国救济总署柳州伤病医院院长；1940年担任中国红十字救护总队副总队长；1948年，私立海南大学医学院成立，朱润深出任院长兼附设实验医院院长；1950年海南解放后移居香港。

在海南医院的创建发起人中，王国宪（1853—1938年）也是关键人物。王先生博览百家典籍，通晓文史，集藏书家、出版家和社会活动家于一身，一生都在积极主导或参与海南近现代史上重大的公益事业和文化建设。另外，文化人、海南书局的老板唐品三（1886—1947年）曾多次捐款支持海南医院的建

海南省人民医院

设，尔后被推选为海南医院董事会的董事，在他的带领和表率下，众多商号和商家纷纷慷慨解囊，极大地支持了医院建设，使得医院顺利落成。

1939年2月10日，日军侵占海口，占领海南医院，破坏了医院门顶上"海南医院"4个大字，改换为日本同仁会医院。抗日战争胜利后，改名为琼崖医院，后恢复原名。

1948年，海南医院归入私立海南大学医学院作为附属教学医院。1950年5月海南岛解放后，由海南军政委员会派军事代表接管。1951年7月，与海口福音医院合并成立海南人民医院。从此，海南医院真正回到海南人民的手中，在医疗救助、救死扶伤中积极作为，为海南人民的健康事业做出了巨大贡献。

无法忘却的南洋骑楼

行走骑楼，徘徊老街，思绪涌动，迈动双腿，边走边寻。触摸散落在老街老巷里的邱氏祖宅，流连何家大院，漫步大亚旅店，寻找饶园，居然大有收获。

看那牛车巷、广行、福建行、潮行、高州行、南行，看那精华公司、裕大公司、琼南酒楼，看他们兴盛衰败；看泰昌隆、梁安记、邱厚生、广德堂、云旭记、云氏会馆、琼郡启明电灯公司、广发号以及锦兴棉织厂等，看他们竞争发展，令人浮想联翩。

所有这些历史文化遗址，竟使人无法忘怀。那是城市历史老人随意撒在城区角落里的珍珠，那是城区瑰宝，那是藏于街区的遗存，是永远难以忘却的城市历史……

琼崖一大旧址

"一大旧址"，全称是"中共琼崖第一次代表大会旧址"。1989年，海口市人民政府公布琼崖一大旧址为市级重点文物保护单位。2001年，琼崖一大旧址被国务院公布为全国重点文物保护单位。2006年，中共琼崖第一次代表大会旧址被列为国家级保护单位。

一大旧址位于解放西路竹林街131号，原来是邱氏祖宅。大院二进三间，中为厅堂，两侧为卧房，东西是厢房，均为砖木结构。其间，各有相应庭院互相通连。整个大院围墙环抱，北面开门进出。西边有水井，东边有花园，古木森森，绿叶蓬蓬，亭亭如盖。总占地面积1793平方米，建筑面积994.26平方米，是典型的海南四合院式民居。

纵观邱氏大院，布局合理，环境优美，房舍别致，通道回转，方便安全。大门顶端横匾镶着"燕翼诒谋"4个正楷大字，表达的是老主人邱爵一深谋远虑，期望"百年老屋，飞燕来去，妥善谋划，子孙安乐"的传统思想，这是几千年来中国人安居乐业的情思。

岁月流逝，城市蜕变。建宅之初，当年大院处于海口所城的郊外，周边茂林修竹，幽深静寂。后来城市拓展，街道延伸，大院已处在街市的团团包围之中，但人们依然称这处为"竹林里"。1个世纪过去了，当年栽种的盆架树正以旺盛的生命力迎接百年诞辰。

建宅之时，邱爵一根本就无法想到自己精心构建的邱氏大院会点燃琼崖革命火种，会因此诞生"中国共产党琼崖地方委员会"，并因此成为中共琼崖第一次代表大会旧址，在中国革命史上写下琼崖革命史浓墨重彩的红色篇章，儿子邱秉衡也因此成为革命功臣。

邱秉衡也无法想到，2001年中共琼崖第一次代表大会旧址整修，首间平房厅堂陈设一大会址遗物，两侧厢房墙壁悬挂中共琼崖一大代表的头像及生平简介；后间平房及东西厢房悬挂《中共琼崖地方组织的光辉历程》图片展览，他们父子会被永久纪念。

1922年，邱秉衡考入上海大同大学，读书期间联合琼籍青年成立旅沪青年联社，并组织出版月刊《琼崖旅沪青年》，支持革命活动。后承父

邱氏祖宅

业经商，以商人身份，资助、救护琼崖革命志士。1924年，邱秉衡将宅院提供给琼崖中共党组织作为革命活动的联络点。

1926年1月，中共广东区委也先后派王文明、罗汉、冯平、罗文淹等一批共产党员和共青团员到海口开展建党活动。同年6月，以广东区委特派员杨善集为指导，中国共产党琼崖第一次代表大会在邱宅大院秘密召开，标志着海南人民革命斗争进入一个新的阶段。

中国共产党琼崖第一次代表大会由王文明主持，杨善集传达中国共产党第四次全国代表大会精神和广东区委指示，大会分析了全国和琼崖的革命形势，讨论了琼崖党组织的主要任务，并通过关于职工运动、农民运动、政治工作、军事工作等的多项相关决议。

这次会议选举产生了中国共产党琼崖地方委员会（简称"中共琼崖地委"）领导机构，王文明、罗汉、冯平、许侠夫、陈垂斌、黄昌炜、罗文淹、柯嘉予、何德裕、李爱春、陈三华、周逸、陈德华等当选为地委委员，大会作了具体分工，王文明任地委书记。

中共琼崖一大胜利召开，对于当时及以后推动琼崖革命的迅速发展，具有重大的意义。中共琼崖地委的建立，是琼崖新民主主义革命史上具有伟大历史意义的一次决定。邱氏老宅由此成了中共琼崖第一次代表大会旧址，成了海南共产党组织诞生地。

中共琼崖一大胜利召开，邱氏老宅成为当之无愧的琼崖革命斗争二十三年红旗不倒的策源地。从此，琼崖革命事业有了一个坚强的领导核心，确立了王文明任地委书记，罗汉、杨善集、罗文淹、冯平等为早期领导人。从此，琼崖人民在中国共产党的领导下，掀起了波澜壮阔的革命热潮，琼崖革命火种开始播向全岛，为坚持孤岛奋战奠定了革命基础。

1927年，琼崖"四二二"反革命政变，一时乌云密布，白色恐怖，腥风血雨。虽然共产党人和革命人士已转入农村，但是邱秉衡仍以邱家大院作为党组织秘密联系点，接收上级指令，传达行动计划，出资雇工收殓烈士尸体，想尽一切办法营救共产党人和革命同志。

当时，中共琼崖地委委员兼组织部部长陈德华被捕入狱，邱秉衡毅然出面，担保他出狱，并用商船送到广州湾，转道香港，安全送达上海。这事引起了国民党琼崖当局怀疑，邱秉衡多次被传唤审问，但他临危不惧，仍以经商为借口沉静应对，确保营救行动始终保密。

与此同时，邱秉衡还以邱家聚益号店铺为掩护，出资组织购买、转运枪支弹药，接待来往革命同志和治疗伤病同志，武装东方、昌江等县农民武装队伍。这些具体革命活动，对白色恐怖下的革命斗争给予了极大支持与鼓舞，有效地打击了敌人。

1937年，琼崖国共两党举行谈判，国民党琼崖当局背信弃义，暗中逮捕中共琼崖纵队谈判代表冯白驹。邱秉衡打探敌情，探听消息，配合琼崖特委，联合海口市商界人士以及海外侨胞上书，抗议国民党琼崖当局卑鄙行径，迫使敌人不得不释放冯白驹。

1939年2月，日寇侵琼，海口沦陷，邱秉衡携带家眷离琼，避祸香港。危难时期，他与澳门的杨柏南先生合资，经营恒安盐号，以此作掩护，全力资助我党领导下的澳门工商俱乐部，

无法忘却的南洋骑楼

中共琼崖一大旧址

组织救济队救济难民，接送抗日负伤的革命同志前往澳门镜湖住院治疗。

抗日胜利后，邱秉衡与杨柏南先生商量撤资，离开澳门，返回广州合营生泰堂。海南解放前夕，他将生泰堂盐馆的合资调回海口，在聚益号旧址开设建元行百货商店，仍以经商为掩护收集枪支弹药，设法转运给琼崖纵队，为海南解放无私奉献。

1950年5月，海南解放，邱秉衡将竹林里131号大院交给人民政府使用，大院先后成为南下部队、海口市政府和海南区机关办公与住宿处。朝鲜战争爆发后，邱秉衡投身"抗美援朝、保家卫国"斗争。他积极响应"捐献飞机大炮"的号召，带头捐款，全市工商界仅一次就认购了一架"海口市商界号"战斗机。之后，他又数次发动商界认捐，海口市商界共捐款19亿9000万元（旧币）。此外，抗美援朝时期，邱秉衡积极主动，送女儿邱宏芬参加中国人民解放军志愿军。

1954年，邱秉衡审时度势，踊跃参加资本主义工商业社会主义改造。他带头把家庭资产"建元行"献给国家，支援家乡建设。在邱秉衡的带领下，海口市资本主义工商业改造工作顺利推进，取得了全面胜利。邱秉衡为党为人民做出贡献，党和政府给了他应有的荣誉。

中共琼崖一大旧址凝结着邱氏父子的心血，铭记琼崖革命斗争的红色历史。后来，邱秉衡历任广东省工商联会副主委，全国工商联会执委、财务审委会副主任，海口市第一、第二届人民政府副市长，政协海口市第一届常委，中国民主建国会海口市第一任主委等职。

邱秉衡遗像

百年春秋，邱氏祖宅历经风风雨雨，迎来了改革开放新时代，在琼崖革命史上树起了一座红色丰碑。从普通民居到成为海南人民乃至全国人民瞻仰纪念的革命遗址，吻合主人"燕翼诒谋"的初衷，同时也彰显邱氏"瑞日芝兰香宅地，春光棠棣振家馨"的殊荣。

无法忘却的南洋骑楼

闲话何家大院

在义兴后街67号，掩藏着一幢被称为"清末海口第一豪宅"的建筑——何家大院。这座中西合璧的大院，写满了一个家庭的历史传奇，记述了一座城市的奋斗崛起。

正是这纵横交错的老街老巷和肃立在街巷之间的像何家大院这样的众多历史建筑，使滨海城市海口被列入"国家历史文化名城"，并以骑楼老街跻身首届十大"中国历史文化名街"行列。

很想领略何家大院的历史风采，可惜无缘。2018年10月29日，笔者有幸找到何家大院的创建者——何达启的孙子何子健，在他的带领下走进了清末海口第一豪宅。

何家大院建于清光绪年间，至今已110多年。大院主体建筑3幢，风格中西合璧，院内造花园，面积近3000平方米，是当时海口市规模最大、造价最贵、造型最美、时论最奢华的私家豪宅。建成后街谈巷议，观者如潮，何家大院成了市井话题。

何家大院

在时人眼里，作为主体建筑之一的西欧风格大楼美轮美奂，金碧辉煌。楼内雕塑，图案生动，线条流畅，异常精美；西洋壁画，欧美风情，西方工艺，引人瞩目。当年，3幢楼房互相连通。因种种原因，西欧风格建筑后来被拆毁，仅存中式门楼及南洋风格大楼。

百年风雨，岁月洗刷，大院逐渐衰败，但是门楼依然屹立，顶端木雕仍然完好如初。何子健指着门楼中间丈把高处一根横梁上的两个小圆孔说，这是第二层大门的门孔。看门楼，看木雕，看门孔，看藻饰，看气势，才知道什么是高门大院，什么是"第一豪宅"。

大院主人的苦心是对家庭家乡的爱心，就像院内古树，虽干高数丈，仍落叶归根。何达启根在海南，家在海口，他每次

往返南洋都精选建材，大到笨重梁柱，小到细部装饰，何达启分门别类，取舍有度。这3幢大楼，3种风格，所表现的是何达启的家乡情结。

何达启生于琼海，故园情深，兴建中式大楼是乡土情思，家国情怀。南洋谋生，多年打拼，历经艰辛，热带风雨，南洋骑楼，历历在目，无法忘却，兴建南洋风格大楼是人生记忆。而游学西欧，开阔眼界，立足海运，发家致富，是他兴建西欧风格大楼的缘由。

3幢大楼风格迥异，出类拔萃，对于周游世界、阅历丰富的何达启来说很为平常，但是对100年前边陲小镇的市民来说，简直是天方夜谭。那时，所城还在，骑楼初建，海口街市未开，何家大院成了市民了解西方建筑的一扇窗口，在小镇刮起一股西欧旋风。

清同治二年（1863年），何达启生于万泉河下游南盈村的一个贫苦家庭。其时，第二次鸦片战争刚结束，外国在华势力急剧扩张，大清帝国内忧外患不断，百姓水深火热。南盈靠近博鳌，是海南人下南洋的一个港口。耳濡目染，何达启15岁时便与村民下南洋。

与大多数海南人一样，他先到越南，在那辗转几年，日子过得非常艰难。不久，何达启到了马来西亚，在那种橡胶，当胶工，开锡矿，干苦力，岁月难熬。此时，外国资本家纷纷在通商口岸建立船坞和工厂。在这些船坞和工厂里，产生了中国早期的无产阶级。

也就在这时，一个偶然机会，何达启到德国籍船长家当佣工。在轮船上打工，机会来之不易，何达启凭着闯海人的勤奋、敏锐及刻苦耐劳，勤勤恳恳，尽心尽职，做好每一样工作，得到了船长的认可，被提拔到远洋轮船当水手。从此，机遇向他敞开了幸运之门。

有一次，德国船长夫妇回国度假，匆忙中遗落了一个大箱子。他们原先以为，箱子里财物贵重，不可能失而复得。可是，待德国船长夫妇度假归来，箱子完璧归赵。船长夫妇喜出望外，对这位佣工刮目相看。何达启以他的勤奋、本分、诚恳、信实，赢得船长赏识。

有人说，这是机遇；有人说，这是诚信；有人说，这是本分。机遇加诚信加本分，使德国船长夫妇相信何达启是可信之人、可塑之才，便送他到德国汉堡学习轮船业务。3年磨炼，何达启业务纯熟，使他眼界开阔，成了公司帮办，为日后创办轮船公司奠定了基础。

《海南百科全书》记载：何达启，字华甫，学名荣光。清末民初著名侨商。1890年何达启创办第一家远洋森堡船务公司，代理海南石油和开展多种业务经营。鼎盛时期，何达启的船队有10艘轮船，其中1艘船往返海口与汉堡之间，其他的船经营东南亚航线。

除了航运，何达启还兴办南发公司、琼盛号等企业，投资涉及海运、邮电、橡胶、石油等行业，成了海口首富。何达启一生充满传奇色彩，他是海南早期慈善家，投资教育，兴建海口第一所民办学校华海中学，被清政府授予

（1863－1931）
何达启遗像

无法忘却的南洋骑楼

花翎候选同知……1931年，何达启病逝。

弥留之际，何达启思虑深远，望着绕膝哭泣的子孙，他留下遗嘱，嘱咐子孙"宜敦和睦友爱，承节俭之家训，互相勉励，不但守先人之遗业，尤望继长增高"。何碧玲回忆说：爷爷为人，诚实守信，希望子孙敦睦，勤俭节约，勤奋好学，诚实做人，敬业守成。

秉承家训，克勤克俭，何氏子孙，代代相传。其间，不乏商业巨子、社会贤达、文化精英。他们继承先祖遗志，继续书写何氏创业史。何碧玲告诉笔者：2017年1月8日的家族盛会，盛况空前，大院设宴，席开四方，何家子孙及亲戚朋友300多人欢聚一堂。

原先寂静的大院，一下子簇拥这么多人，一时间欢声雷动，喜气洋洋。何家的小字辈归来，对眼前草树、破旧楼房，都觉

曾经热闹的大院如今已冷落

得新鲜与好奇。老姐妹归来，恍若隔世，童年情趣，历历在目，互相指认，共话当年，相拥而泣。如此场景，何家子孙，叙旧话昔，悲喜交集。

祖德宗恩，难以忘怀。一跪一拜，一鞠一躬，奠一杯酒，燃一支香，点点滴滴，*丝丝缕缕*，说不尽的话，一切尽在不言中。吃团圆饭，围坐一桌，你给我盛饭，我给你夹菜，还是儿时味道，斋菜、茄子、水芹，仍然是当年寓意，何家后代都能在大院里找到归属。

这种归属，是一种品格，一种精神。从封闭的海岛走向西方世界，何达启的成功对当年的海南华侨是一种激励、一种鼓舞，对家乡的亲友，是一种启发、一种借鉴。从遗嘱中可以看出他的心路历程：希望自己的子孙在大院里找到归属，养成坚强品格、高尚精神。

一座城市，一个地区，一个民族，一个时代，需要对自己城市、自己地区、自己民族、自己时代的归属感和认同感，需要坚定的自我发展信心和决心。清末海口第一豪宅的存在，其深刻意蕴是，新时代需要彰显归属感和认同感，需要彰显海口的凝聚力与向心力。

无法忘却的南洋骑楼

追寻大亚旅店

　　若要提及20纪三四十年代的时尚和洋气之处所，大亚旅店和精华公司的确当之无愧。这两处，一为富贾云集的高级旅店，一为名媛淑女推崇备至的购物天堂。而它们的经营者，就是出身富商之家的王先树，他的父亲王绍经是新加坡著名的侨领与殷商。

　　大亚旅店位于中山路70号，与得胜沙的"五层楼"（海口大厦）和泰昌隆客栈齐名，在当时被称作海口最豪华的旅店。在酷热的中午走进这家酒店，空阔的大厅里凉风丝丝，酒店精心设计的直达楼顶的抽通风道自动循环，使整个酒店的温度骤然下降。

　　这种自动抽风的设置，无疑是一种先进模式。大亚旅店二楼的廊坊有一处很有名的咖啡馆，那里喜欢播放南洋音乐，咖啡的飘香与南洋音乐吸引不少外国人成为常客。当年，唐品三与客户商洽业务，时常到咖啡馆欣赏音乐，于是，一桩桩不大不小的业务谈成。

大亚旅店位于北门外街北侧，这座巴洛克式建筑的前身是始建于20世纪20年代的大亚酒店，由海口精华公司出资创建，后更名为大亚旅店，成为海口著名的旅舍。

那时，大亚旅店是富贾名流云集的地方，与"五层楼"、泰昌隆并称为海口商人旅客的

大亚酒店

好去处，来海口办事的商人、归国做贸易生意的海外华侨大都在大亚旅店落脚。

大亚旅店的业主王桂苑，又名王先树，原籍琼海石角村，是精华公司股东。他的父亲王绍经是新加坡著名富商，在商行中纵横驰骋，创造了殷实的财富，积累了宝贵的经验，还有驰骋商海的人脉资源，所有这一切，为大亚旅店和精华公司的落成创造了必要条件。

除了经营旅店业之外，王先树也经营汇兑、船务等其他业务。在旅店的二楼开设有时尚咖啡厅，能经常看到王先树的劳碌身影，他在这里接待客人，在这里商谈生意，在这里打发时光……来自世界各地的客人可以在这里品尝从南洋购回的黑咖啡，享受奢华与舒适。

在中国近代史上，"闯关东""走西口""下南洋"是3次波澜壮阔的移民潮，它开创了近代中华民族迁徙的三大壮举。王绍经，便是当年海南人下南洋开创事业的成功代表。

这位生于清末、历经数十年风风雨雨，在南洋打拼出一片亮丽晴空的琼台游子，曾担任多届新加坡琼州会馆主席、新加坡中华总商会董事和新加坡四海通银行董事，谱写了一曲又一曲海南人在海外勤勉奋发的华彩乐章。在事业兴旺之时，他不忘故土，出资在当时老家琼海嘉积创办"批局"，为旅居海外的华侨提供汇兑服务，并在家乡建校、筑桥、修宅，福泽乡邻，芳名传世。当然，最成功、最令人称道的还是在海口创办大亚旅店和精华公司。

王绍经出生于清咸丰十年（1860年），在家排行老大。他自幼聪颖，虽家境贫寒，但父母寄予厚望，仍然送他读了1年多的私塾。后来，家中实在无力支付学费，王绍经不得不辍学在家。王绍经懂事较早，为了添补家用，便在自家的园子里开垦园地栽种苦瓜。

为了打理好自家的菜园子，王绍经每天天不亮就挑木桶到菜园浇瓜。人勤春早，露水与尿水浇灌的苦瓜长得茂盛，果实大。园子里结出的苦瓜又大又肥，自然比别家好卖，时常有人到园子里偷瓜。于是，王绍经索性在地里搭棚而居，守护自己的劳动果实。

1884年，王绍经24岁，他携带4块光洋，还有1瓶海南特有的用金橘和辣椒腌制的辣椒酱，从石角边沟村出发，踏上了远走南洋的艰辛旅途。他沿途只吃稀饭配着辣椒酱，半饥半饱度日。经过几天跋涉，来到琼山县的潭口，然后过南渡江，从海口坐小帆船出海。

王绍经受到家乡生活习惯的启发，一到星岛（新加坡别称）便干起挑担卖蒌叶的营生，硬是靠一双铁脚板，几乎走遍了新加坡的每条街巷，一担担的蒌叶让他品尝到劳动收获的喜悦。对家乡对亲人的思念，时刻牵动王绍经的心思。挑蒌叶、卖菠萝的收入虽然微薄，但把省吃俭用的积蓄汇给远方的亲人时，王绍经思乡的愁绪似乎得到些许缓解，生活希望似乎得到满足。

当王绍经用挑蒌叶积下的200元钱与别人合伙做布伞生意时，可说是王绍经第一次真正意义上的商业投资。随着在南洋阅历的逐渐丰富，王绍经又到马来西亚的柔佛州和印度尼西亚的山区开办土产杂货店，收购当地的山货、皮货等土特产，然后再运往新加坡和海南等地做制鞋的原料。凭着敏锐的眼光，以及诚信为本、童叟无欺的经营理念，王绍经的事业逐渐发展起来。

王绍经当年收山货、贩煤油时，与4位同乡合伙经营买卖。后来，几位股东先后去世，虽然当初合股做生意时只有口头上的协议，并没有留下书面契约，但是，王绍经仍将原来股东的本钱和红利分给他们的后代。他时常提携这些后人，教导他们如何做生意。

新加坡东部有一条"绍经街"，街道的两旁经营百货商店、小吃餐馆、服装店等各式各样的店铺。每当节假日，特别是中国传统节日，这里就成为海南老乡光顾聚会的地方。

清朝末年，通信不便，中国与南洋往来的邮政业务也十分落后，给当时在南洋打工的华侨往家乡汇钱带来困难。王绍经体恤乡情，他出资让长子王先树在家乡琼东县嘉积镇（今琼海

市嘉积镇）创办"批局"，为旅居海外的华侨提供汇兑服务。特别是逢年过节，只要南洋亲人家书一到，批局马上兑付现金，解决华侨汇钱不便的困难，深受家乡百姓欢迎。

1926年，王绍经带头创办新加坡琼崖王氏祠，捐赠三层楼房作为初时祠堂会所。他重视教育，发起创办新加坡育英中学，解囊捐资，在育英中学修建王绍经礼堂，他的两个儿子也在该校捐资兴建王先树楼和王先楠楼，这所学校培育出了许多英才。

虽然长年身居海外，但王绍经乡情浓郁，他和儿子在家乡兴办公益事业，捐建乐会王绍经图书馆，兴建故乡的绍经水泥桥，等等，又因这些善举被清政府授予"资政大夫"之街。

抗战时期，王绍经带头购置大量抗日公债票，支援抗日救亡运动，为广大华侨树立了爱国榜样。

王绍经遗像

岁月不老，骑楼不老，街巷不老。如今，人们说起骑楼老街，就会谈起大亚旅店、谈起精华公司，就会忆起王绍经、记起王先树，就会谈起他们的事业、推崇他们的业绩。

虽然岁月流逝，但大亚旅店仍然在，仍然屹立在长堤路边，仍然在向世人述说王绍经和王先树的创业传奇。那也是海口老街创业者的传奇，是城市创业者不懈奋斗的传奇。

牛车巷记忆

这是一个已被历史遗忘的地名，但却是海口发展史上永远无法绕开的富有历史韵味的城市记忆。俗话说得好，麻雀虽小，五脏俱全。永乐街并不长，但是在20世纪三四十年代，除了供海口百姓吃喝玩乐的场所外，还有为学习西洋文而专门开设的学习园地。而就在这个地方，就在医院后面，那里有一条弯曲狭长的小巷道，那是直通饶园的牛车巷。

为什么叫牛车巷？或许有人觉得很奇怪：这哪里是城市里应该有的名字？其实，当年的海口街市十分狭窄，道路偏小，没有普及公共汽车之类的交通工具，所以牛马成为主要交通工具。狭小的巷口要运输什么东西，除了牛车通行外，别的什么车辆根本无法通过。

虽然牛车出入频繁，但并不影响市容市貌，人们照样歌舞升平，照样饮食喧闹。如今，当年进出的牛车早已消失，但名字留了下来，记忆传承了下来，成为城市记忆的一部分。其实，

新加坡牛车水

与牛有关的城市地名并不少，新加坡有牛车水，那是因为曾用牛车来拉水，以供应市民生活。

牛是人类的朋友，它们任劳任怨，无怨无悔，终日劳作，有益于百姓。即使是城市生活之中使用畜力也离不开牛。有了牛的活动，给人类带来了很大的方便。可以想想，如果不是牛的劳作——穿行于狭小的街巷、推动笨重的东西，人力又不能胜任，岂不是徒唤奈何。

当年，除了永乐街有牛车巷外，别的地方也有马房、马鞍街。牛与马相提并论，共同为人类服务。现代城市汽车普及，人们出行方便多了，或许是对城市历史的遗忘，所以有人觉得牛车巷的名字很奇怪。

以新加坡来说，这座享誉现代国际社会的"花园城市"，仍保持牛车水这个地名，但一点也不影响它的历史地位。恰恰相反的是，有了这牛车水的历史雕塑，唤起了人们对城市历史的回忆，人们觉得更亲切，更富有人情味。所以，保持城市的发展历史更显得真实可爱。

城市的发展史是一部有意思的历史。发展是逐渐递进的，不是一蹴而就的。没有牛车的历史是不完整的，而有牛车的历史是丰满的、真实的。我们总不能因为有汽车进城而排挤牛车，更不能因"牛车巷"这个名字而觉得城市落后。历史是事实，尊重事实就是尊重历史。

据介绍，在牛车巷这条街有台球活动室、东华印刷厂、潮州会馆、爱之医舍等。当时，海南医疗水平并不发达，整个海口市的医院屈指可数。除了美国人开的福音医院、法国人开的中法医院以及后来爱国人士开的海南医院外，便是永乐街往新华路转弯的地方有间爱之医舍。那是一家便民诊所，是富有爱心的诊所。尽管有牛车往来，但并不妨碍这家诊所的存在。

徘徊牛车巷，追寻那历史深处的点点滴滴，想着，如果那个转弯处有牛车出现，那真让人惊喜。让牛车巷的名字保留、让牛车巷的名字流行，并不会影响城市容貌，反而会使城市肌体更丰满、健康、珍贵，更令人信服。

无法忘却的南洋骑楼

侨批的价值

侨批，那是特定历史时期的特定名词，是有利于海外华侨联络乡情的产物。

侨侨，简称作"批"，也叫"番批""银信"，是专指海外华侨通过专门设立的民间机构汇寄回国内的一种附带有钱的特殊信件。那是夹有钱与信一起的特殊的邮传，它广泛分布在福建省、广东省潮汕地区及海南岛等地。收到"批"的侨胞家眷不知道有多么欢喜。

早期下南洋，华工群体从事的行业基本上就是服务业、手工业，"三刀两小"（菜刀、剪刀、剃头刀、小商、小贩），甚至银行、裁缝店、戏院，包括路边的卜卦、算命、代书……代书，在闽南语系中就是写"批"，写"侨批"。

于是，这种带有汇款性质的家书便称为侨批，那是海外华人向国内汇款使用的特殊的邮政传递。侨批，陪伴南洋侨胞走过了1个半世纪的时间。"批一封，银二元"，早年流传民间的歌谣，唱出了平安批的重要。平安批每每附带汇款数额，兼具平安家书以及汇款功能。历经数百年，因为是由南洋华侨寄往家乡的信，所以国内存量不多，弥加珍贵。

经历清末，经历民国，来到新中国，它的样式也随着时代的变化而变化。但无论哪一个时代的侨批，始终都有一个共同点，那就是银与信合一。华侨下南洋是否安全抵达是侨眷最为牵挂的，报平安就成了华侨抵达南洋后第一件要做的事情，侨批就是报平安的家书。

踏上异国他乡的土地，下南洋的人身上没有钱，便向人家借一两块钱，随信寄出，赶快回报平安。所以第一封信是南洋客的平安批，他在外面多么苦，他也不讲，却说在外面知道会照顾自己，让家里放心，不要挂念……说的都是安慰家人的话。而家里收到这汇款后要赶快写回批，写回信的人，家里再难也不愿讲，那是互相隐瞒的善意谎言。

也有直抒胸臆地讲出率直之情的，说的是："替我作封信通通，寄去南洋么鬼孟冬，讲说客厅没人扫，讲说厨房没人住……"那是带血泪的书信，是愤怒至极的控诉。不过，一般的人家大多不会这么说，再苦也得受，有信比没信要好。

所以，不管怎么说，批客（专门替人携带侨批回乡的人）是很受欢迎的。当批客也不容易，报平安哪能不好？

为什么批局与批客受欢迎？侨批是华侨用血汗、生命换来的钱，要养活家里人，没了它，寄批的人就像死了一样。所以竭力保护侨批的批客是深得感激的。

批客每年平均往返数次，他们深受南洋华侨的信任。19世纪末到20世纪初是批客最兴盛的时期。那时候，仅在海口专门

无法忘却的南洋骑楼

街头代书

送侨批的批客就有不少人，带回来的银信也不少。后来出去的人越来越多了，始终是批客恪守送批信用。再后来是大的公司创新经营活用侨批。

具体的做法是，公司在南洋一带设立专门机构，代华侨收送批件，收到的银钱发给条据，当作凭证。然后，公司用所收到的款在当地购买日用百货等商品运回海口销售。在海口则将接收的款转交给批户。这么一来，双方都有利益，寄批人和收批人都不用付费。

每逢批客到村，侨眷都非常欢喜。迎接报喜的信使，自然是令人愉快的事。当然，也有收到不幸的消息，比如因病去世或因贫流落他乡，但是总算也得到一个准确信息。不过，这种事情是比较少的。

据资料介绍，泉州市档案馆向联合国教科文组织申报的"侨批"是作为"世界记忆文化遗产"而申报的。此外，侨批还入选了《中国档案文献遗产品录》，同时入选的有敦煌写经、《本草纲目》（金陵版原刻本）、辛亥革命武昌起义档案文献等，足见其历史价值。

2013年6月19日，全球华人关注的侨批档案申遗成功，入选《世界记忆名录》。这些沾染了海洋气息、经历生死劫难的侨批，每一件都有它的传奇故事，都有它的血泪历史，都凝结着无限情思。

海口侨批局旧址

无法忘却的南洋骑楼

骑楼商行

德籍伟人黑格尔说：世界历史的起点在亚细亚。即世界历史是从东方人到西方人，是从中国人到日耳曼人。他总结说："中国历史的第一个区域在西北部——中国本部——黄河从那里的山巅发源，直到稍后的一个时期，中华帝国才向南方进展，而到达长江……"（《历史哲学》）

文明的车轮滚过中华大地的每个角落，就会对这个角落打上历史的烙印。远古时候，海口骑楼老街还湮没在大海波涛之中，正在酝酿突出海面，之后也终于突出海面……

于是，在汉武之际，海南设立郡治，开始惊艳出世，在历史进程中突现。

那时，汉武帝设立的珠崖郡治就在海口，在今日的龙华区遵谭镇东谭村。

两汉时期，关中汉子老气横秋。

盛唐之际，陕西人有独特品格。

南宋之后，江浙商品经济勃起。

明清两代，闽广人把控海上贸易……

那个时候，海洋成了世界的通道，海洋之于商业，就如一个母亲在孕育儿女。海洋是流动的通达的，因而给商业发展注入了海洋流动的基本因子。

于是，大量的广东人、福建人随海洋流动，抱成商业团队，进入骑楼老街。这些商家的商业竞争促进了商品经济的发展，促进了骑楼老街的繁荣。

于是，广行、福建行、潮行、高州行、南行相继登上商业竞争的历史舞台。他们怒海行舟，冲风斗浪，九死一生，沿着"海上丝绸之路"来到海口。

"广行"，来自广州。他们的会员大多操一口广州话。以言语为媒，把番禺、南海、顺德、新会、东莞等地的商人联结在一起；他们主要由"正昌""正合""正益""正兴"等商号组成，在商业竞争中抱团聚会，协调行情，互通信息，资金雄厚，竞争力强。

如果说广州人借"广州通海夷道"为途径，驰骋商海，进入骑楼老街，那么，福建人

福建会馆

无法忘却的南洋骑楼

· 167 ·

则是依托"海上丝绸之路",以"爱拼敢赢"为口号,以"福建行"的团队进驻海口。这其中以泉州人、漳州人为多,他们在海口设妈祖庙,设立泉州会馆和漳州会馆。

还有"潮行",由兴宁、澄海、汕头、潮州等地商家开设的商号组成,大部分是大埔居民,属于客家人,称为"潮州八邑",属于潮汕文化圈。他们有共同的价值观念,具有显著的海洋文化特征,这种认同感使海外"潮州八邑"籍抱团结队更加团结。

"高州行"由今茂名、高州、电白、信宜、化州、廉江、吴川等市县的商人组成,他们经营农业、建材、地产、酒店、旅游、零售、物流、食品加工、文化商品等行业。早在元末明初,高州人就开始在海口浦经商,这便为高州地区商人登陆海口创造了便利。

高州行主要经营烟叶、竹器、缸瓦、葵扇、铁锅、小五金等商品。由于工业、金融业的发展,被称为"小佛山"的石鼓圩成了粤西一带商贾云集的中心,所生产的土纱、土布、蚊帐布、织带、毛笔、火石及小五金制品等畅销海南、广西一带,时称"极一时之盛"。

"南行"是海南行,由海南商家组成,属于清末本地土著商行。依托本土地利,主要经营土特产进出口、布匹、百货、旅店、茶楼酒馆等,生意做到海北的雷州半岛。南行的商品贸易种类繁多,但以槟榔为突出。槟榔从海南销至徐闻、雷州,再远销湖南的长沙、湘潭等地,改变了这些地区的饮食习惯,对内陆商品贸易产生了一定的影响。

明代,海南因明太祖朱元璋的特别关注,被誉为"南溟奇甸"。清代，朝廷废除禁海令，在东南沿海设立粤、闽海关，海口设海关总口，出口槟榔、藤丝、椰子、楠木板枋、牛皮、猄皮等货。海南土产输出相当活跃，只要看琼州府各口岸的税收增多就会知其大概。

清末，南行的经济实力在广、闽、南、潮、高五行中居于中位，至民国初年开始进入高峰期。南行在家门口做生意，琼山、澄迈牛皮业商人建立了敖峰会馆，文昌商人设立了文昌会馆。于是，海口商界凸现出了王绪祺、张徽五、陈礼运、陈为智等领军人物。

于是，海口骑楼老街的商业贸易出现了"百花齐放，百家争鸣"的竞争局面，造就了骑楼老街今日荣登"中国历史文化名街"的辉煌。今日寻觅各家商行，指点各家商行商号，无非是梳理骑楼老街的成长历史，探索商业发展的得失，促进海口商业繁荣。

广　行

广州，别称羊城，是国际大都市、首批沿海开放城市，是"一带一路"的枢纽城市。由于地处南方，广州境内河沟纵横，大小河流众多，水域面积广阔，水运便利，航海发达。

早在唐代，广州港已替代番禺港成为沟通国内外的"广州通海夷道"，当时人称"万国商人云集"。清代闭关锁国，广州成了中国对外贸易唯一港口。于是从引水、买办、通事到大班、行商和海关官员，额手称庆。他们拓展贸易，为广行的诞生奠定了发展基础。

　　当年，广行进军海口，以地缘为纽带，由懂广州话的番禺、南海、顺德、新会、东莞等地商人在海口开设的店铺商号组成。广行商人是明朝琼州划归广东管辖后进入海口的，在第二次鸦片战争琼州被辟为通商口岸后，商家日渐增多，逐渐成为城市商业的主力军。

　　当年，广州街道的上九路、下九路、第十甫路等是传统的商业中心之一。在漫长的历史时期，逐步形成了中西合璧的繁荣兴盛的商业步行街——上下九步行街，形成西关荔枝湾特色风情，并由此构筑成独特的、绚丽多姿的西关生活图景，荟萃了岭南文化中的老西关美食文化。

　　上下九步行街的标志性建筑是骑楼大街，它连绵不断，延接千米，适应炎热多雨的南方气候，可以躲避风雨侵扰，遮挡烈阳照射，营造凉爽的经商环境。骑楼建筑源自东南亚一带的英属殖民地，那是广行经营贸易的活动场所，是广行商家熟悉的独特建筑。广州骑楼是清代两广总督张之洞引入的"舶来品"，是参考西方国家和地区引入的外来建筑。

　　当时，来自广州的商号结队抱团，以"广行"的商业组织扎根海口，进驻海口骑楼。广行有地域优势，他们信息灵活，经验丰富，经受商业风雨的大浪淘沙，所以在市场竞争中显得如鱼得水。在海口的广行、福建行、南行、潮行、高州行五行中，广行的实力名列前茅。

　　广行善于经营，影响力较大的商号有20多家。其中，有正合号老板谭志忠、正益号老板谭金、正兴号老板谭富成、正安号老板谭富顺、正昌号老板谭安业、正顺号老板谭耀恒和正祥号老板谭均甫，号称海口商界"七正""七谭"。

这7家商号，他们都以"正"字开头，商号老板都是"谭"姓，都是广州佛山人。所谓"正"，即公正、正直，正当、纯正，堂堂正正，端端正正，合乎法度。这些商号的老板个个目光敏锐、商机敏捷，在生意场上正直经营、公平买卖、正当作业、遵守法纪。

正昌号旧址

广行的商业老板在商言商，遵守商业道德，以义取利，不走歪门，不入邪道。他们经商获利不像传说中的"九八行"，虽然，他们也是诞生于上下九，诞生在骑楼里。他们在骑楼里经商，躲避风雨，不受损失，四季平安，所以他们提倡敦宗报本，鄙视背信弃义。

广行经商理念强调公平正直，坚守童叟无欺，坚持诚信为本，坚信上梁不正下梁歪、商号必须从己做起。《管子·权修》："凡牧民者，欲民之正也。欲民之正，则微邪不可不禁也。"《汉书·郊祀志下》："究观方士祠官之变，谷永之言，不亦正乎！不亦正乎！"

五邑会馆

以"正"字为荣，依托广州，信息灵敏，大进大销，流通快速，经济效益上佳。

广行资金雄厚，店铺阔大，长袖善舞，事业经久不衰。受广州"十三行"的启发，广行的"正"字号善于经商，他们联手经营，彼此襄助，和衷共济。广行在博爱路兴建的五邑会馆，主持人由"七正"商号轮流担任，在骑楼老街影响很大，享有很好声誉。

福建行

经过几个朝代的治理和开垦，到了清代，海南经济有了较大发展。同时，由于其独特的地理位置和特有的热带物产，与我国大陆和海外的联系也越来越深入，使之在国内外贸易交往中扮演越来越重要的商业角色。这期间，不得不提及福建行商家的历史贡献。

曾有人说：世界上凡有海水的地方就有华人，有华人的地方就有福建人。在海外生存与发展，与福建人的商业特点密切相关。得益于多元的地域文化，福建人经商除了家族性、区域性与割据性之外，还各有其特色、各有门道、各有组织，这组织之一就是福建行。

如果以地缘来划分，福建泉州、漳州商帮的最大特点是善于向海外拓展。他们以家族为核心，进行海外贸易和国内交易，历史悠久，影响巨大。以海口来说，很早就有以泉州、漳州人为主的福建行。那是清朝末年至民国时期在街市上赫赫有名的设立在海口的贸易商行。

商行由泉州、福州、厦门、漳州等地的商家在海口开设的商号组成。早在唐宋时期，泉州就是"海上丝绸之路"的始发站。琼州与泉州、漳州之间的贸易往来，就是通过"海上丝绸之路"航海而发展的。泉州的商人来海口骑楼经商，就是因海上贸易的历史因缘。

因为经商贸易往来，部分福建泉州、漳州的商家熟悉海口并居留海口，成为大陆最早来琼的商民。近代福建商家继续进入，逐渐形成了福建行。他们的经济实力仅次于广行，主要经营茶叶、大米、凉果、陶瓷、干菜、京货、烟丝等商品，货款不大，周转非常灵活。

由于清朝在琼州实行严厉的管理，使海南各方面都得到较大发展，社会经济大大超过前朝。以农业为例，一些过去比较落后的山区，那时已经是"耕种之法，力农之具，均与内地无异；生熟黎力田，岁皆两熟，并植杂粮"，不仅粮食供给充足，而且有余粮出卖。

不少外地商人深入黎峒山区，进行商品贸易。"黎中所有外贩，贵绒线盐布等物人而易之……近日惠（州）、潮（州）人杂处其中，多以沽酒为业……惠、潮人入黎者，多于坡地种烟，黎人颇用之。"（《民国琼山县志》）从这可以看出，有不少福

建商人，他们往往比其他商人头脑灵活。

福建行是闽商较早建立的行业协会，他们以海为商，走海道流通，商品交流便捷，生意做得风生水起。当年，海口其他商行奇缺的商品，福建行都能迅速补足，保持货物丰裕，日用百货基本不缺。福建人不但善于怒海行舟，而且他们非常善于经营，每每抓住时机，快进快出，互济有无，小宗生意快速出手，往往短时获利，由此积少成多，渐渐至于鼎盛。

清末，他们在白沙门兴建了漳泉会馆，后在水巷口路设立了福建会馆。会馆先后由邱景祥、陈济川等商界领袖主持。邱景祥经营厚生进出口业于博爱北路，设邱厚生米行于水巷口，是民国时期海口三大富商之一。陈济川在海口市中山路开设陈家庚公司，实力较强，颇具影响，先后被选为海口市商会第一届常委、第三届副主席。

闽南语歌曲《爱拼才会赢》可谓家喻户晓，可以这样说，这首歌曲正是福建商人"爱拼敢赢"的商业写照。翻开历史篇章，当我们探寻闽商足迹时，能深刻感受到那种"善观时变，顺势而为；敢冒风险，爱拼会赢……"的闽商精神。正是这种精神，激发他们合群团结、豪爽义气、恋祖爱乡、回馈桑梓，成为国际性商界劲旅，跻身于海外三大商帮行列。

潮　行

潮汕地区，包括潮州、汕头等地，他们之间地缘相邻，血脉相亲，族群相近，商帮相助，信仰相同的人文历史，其前身是潮州府的"潮州八邑"。自古以来，"潮州八邑"同根同源、历史相承、山水相连、潮语相通、利害相关，是闻名遐迩的历史古邑，具有很强的凝聚力。

潮汕地区属潮州府管辖，属潮汕方言区，属潮汕文化圈，属潮汕商帮，他们之间有共同的价值观念，具有显著的海洋文化特点，具有共同的文化认同和族群认同。正是这种认同感使他们结成商帮，向外拓展，爱拼敢赢，成为无往而不胜的强大的商业组织。

这种认同感在海外"潮州八邑"籍华侨华人中尤为显著。他们有共同的生活习俗、共同的民俗民风、共同的文化背景、共同的语言特点、共同的价值认同，共同拥有潮州人的习惯称谓，这种认同使他们向海而生，因海而兴，抱团发展。

潮行因此驰骋海上，闯海而赢。清代盛行于海口的商行由兴宁、澄海、汕头、潮州等地商家在骑楼老街开设的商号组成。乾隆年间潮州府统领海阳、潮阳、揭阳、饶平、普宁、惠来、澄海、大埔、丰顺等县，大部分是大埔居民，属于客家人，称为"潮州八邑"。

1840年，第一次鸦片战争爆发，中国进入近代史时期。1858年，第二次鸦片战争签订的《天津条约》定潮州府澄海县沙汕头（今属汕头市）为通商口岸，与琼州口同于1860年正式开埠，是近代中国最早对外开放的港口城市之一。20世纪30年代，汕头商业旺盛，是"海上丝绸之路"的交通枢纽，是东南沿海进出港口和商品集散地，为潮行进入海口打下了厚实的基础。

潮州人比较注意区分"潮汕"与"潮州"，比如说"潮州

无法忘却的南洋骑楼

潮州会馆

话""潮州工夫茶"等，都不会说"潮汕"二字。无论是国内还是海外，关于"潮州"一词，仍然是潮州民间概念，海外的潮汕人的迄今为止仍以潮州代称潮汕，海外各地的潮汕会馆也都称为"潮州会馆"。

潮行在海口著名的商号有林发利、振裕兴、和成号、源丰发、裕成丰和亨成号等。其中，林发利的商铺老板为林云阁，源丰发的商铺老板为王卓仁。

当年，潮商通过贸易将海南与我国北方联系在一起。大陆供应给海南的商品，大多是大米、丝绢及各种日常用具，海南输往大陆的主要有槟榔、沉香、藤丝、椰子、糖等。

每年春季"租舶糟船，潮行装所载的糖包由海道上苏州、天津"，至秋季则从北方"贩棉花、色布"回广东，运到琼府售卖，"一来一往，获息几倍，以次起家者甚多"。

抗日战争胜利后，潮行增加林兆祥、两丰号、联兴庄、琼安庄、万洋行和吴大华等商号。他们瞄准市场，进口经营陶瓷、潮货、棉纱、菜种、茶叶等多种商品，出口经营槟榔、药材等多种商品，这些商品流通有利于海口农产品贸易与市场交易。

康熙年间，潮汕的商人在苏州建潮州会馆，并在会馆正门口立碑刻文："本馆系潮州府属八县商民所组织，专谋本帮商业之利益。"这是潮商和"潮州八邑"公开对外的宣言。到乾隆年间，潮行开始在白沙门兴建兴潮会馆，后来迁移到解放路。该会馆的经费按潮行各家商号进出口货物的数量计算缴交，进项很大。该行先后在中山路、新华路、解放路和振东街等处购置铺宇，还在西门兴办潮海小学。

高州行

高州辖境相当于今茂名、高州、电白、信宜、化州、廉江、吴川等市县，历史悠久，底蕴深厚，农业和手工业发达。目前，有大量高州人在海南经商，经营地产、酒店、旅游、农业、建材、零售、物流、食品加工、文化产业等领域，有些企业还成为行业的龙头。

早在元末明初，高州人就浮海而来，居住海口浦。有条件的，他们便做买卖；没有条件的，他们便睡在船上，撒网捕鱼。一来二往，顺风顺水，熟门熟道，许多事情都能磨合沟通，为他们继续生存发展提供了极大的方便，这便为高州人立足海口创造了大便利。

高州行是清末民初时期在海口成立的商行，由广东高州地区的商家在海口开设的商号组成。高州地缘邻近海口，两地贸易来往较多，主要经营烟叶、竹器、缸瓦、葵扇、铁锅、小五金等。虽然经营的商品较为常见，但供应保证，济困于无，素

无
法
忘
却
的
南
洋
骑
楼

为海口市民所喜欢。

历史上的高州商业贸易比较发达，西汉时期的滑石量具制作早已销往各地，唐代高州的商业贸易扩展至域内以及海外国家。在高州辖境之内，偶或可见长沙官窑精美绝伦的贴花壶和东南亚国家精心制作的铜质昆仑奴人像雕塑，而且几乎都达到较高艺术水平。

高州辖境出产的红烟、茶叶、荔枝等产品大批输往周边各省及海外国家。清代，高州及各乡镇店铺增多，商业崛起。其中，县城生产的振大林牌毛笔，精制精良，远销两广。民国时期，高州县城和邻近墟镇之间开通了公路，活跃了商品流通，促进了经济发展。

由于工业、金融业逐渐兴起，推动了商业发展，被称为"小佛山"的石鼓圩成为粤西商贾云集中心之地。当地生产的土纱、织带、棉线、蚊帐布、火石、毛笔以及小五金等产品远销海南、广西等地并出口越南、泰国等国家，被时人誉为"极一时之盛"。

高州商人把本地区土特产运到海口销售，有相当一部分人后来定居海口经商。在经济实力上，高州行比不上广行、福建行、南行、潮行，实力较弱。其中，高州行较有实力的万隆号和南安号，他们商品供应充裕，价格较合理，虽随行就市，但获利颇丰。

在历史上高州是粤西地区经济政治文化中心，同时也是广东的文化之乡。清代，广东仅有的三名文状元之一就有高州府的林召棠。高州会馆设立在海口义兴街，虽然经济实力并不强，但是为乡情厚谊所联结，有着较强的凝聚人心的动力，有较强的感召力。

高州会馆成立之初就显出绝对优势，它聚集大量的高州商人。他们有内部互通有无、和衷共济的特点，相互帮扶，急人所难。高州会馆先后由万隆号商号老板、南安号商铺老板主持，虽然人数不多，但运营快速，义理当先，颇得时人赞赏。

南　行

海南行，简称"南行"，由海南籍商人在海口经营的商号组成，属于清末本土的海口商行。本乡本土，熟门熟路，主要经营土特产进出口和布匹、百货、旅店、茶楼酒馆等，还有相当部分厂商经营纺织业、制革业、印刷业、制鞋业、皮箱业、铸造业和小五金等。

早年，海南人所经营的商号被称为"南行"，依托本土资源，经营本土特产，以销售布匹、布料、铁器、菜种、五金和经营茶楼酒馆等为主业，生意做到海北的雷州半岛。商贸种类繁多，其中以槟榔为主。"琼人以槟榔为命，岁过闽广者不知其几千百万也。"

槟榔是海南出产的大宗土特产之一，清代屈大均在《广东新语》里记录下了此事："实未熟者曰槟榔青，青皮壳也，以槟榔肉兼食之，味厚而芳，琼人最嗜之；熟者曰槟榔肉，亦曰玉子，则廉、钦、新会及西粤、交趾人嗜之；熟而干焦连壳者曰棘子槟榔，则高、雷、阳江、阳春人嗜之；以盐渍者曰槟榔咸，则广州、肇庆人嗜之……"说明了槟榔销售方向。

无法忘却的南洋骑楼

南行 德盛商号

清朝至民国初年，海南人跨江越海在徐闻开设的理发美容店也很是出名。一般人以为，海南人谨小慎微，可是这家店无人不晓。店主是文昌人，其店装饰堂皇，上海购的铁盘椅，海口请的烫发师，广州采购的化妆品，店员一律着白色服装，由专人招待顾客——这家理发美容店深谙以服务取胜。

为了把生意做大，店主定期从海口老街和湛江西营请顶级师傅服务。据说，徐闻城内和海安港商埠的富贵门户妇人甚至提前去美容店领取预约牌号，凭号上门。可见当时生意之火爆，也可见南行商家善于打理的经营之道。凭着热情勤劳，南行在市场站稳脚跟。

海口处于日本至马六甲海峡航线中点、东西海洋交通的要道，又拥有丰富的热带、亚热带特产资源，条件优越。尽管海口市场所经营的各种商品数额不大，但是品种齐全、需求量大、交易灵活，这种特殊的条件决定了海口在贸易交往中的重要地位，促进了贸易的活跃。

随着海口港贸易日趋频繁，来海口定居的闽、粤、苏、浙等地的商人也日渐增多，商号逐日增加，逐渐形成了以福建行、潮行、广行、南行、高州行等为代表的商号。此外，各商号还先后设立了各自的会馆，促进了商贾往来和海口贸易的繁荣。

清代，尤其是康熙二十三年（1684年），废除已经施行了40年之久的禁海令，在东南沿海设立粤、闽海关，海口成为粤海关管辖下的7处总口之一，有9个小口：沙薯口、万州口、铺前口、清澜口、乐会口、儋州口、北黎口、陵水口、崖州口，主要职能是收税。

海口设有海关总口，从海南出发的货船大多由海口港出发，闽浙等地商人也在海南采购商品销往日本。同时，海口对外贸易也活跃，商船远赴泰国、越南，甚至直达日本。屈大均的《广东新语》记载："东粤之货，其出于九郡者，曰广货；出于琼州者，曰琼货；亦曰十三行货。"在广州由官府培植的对外贸易代理人"十三行"中，最初就有"海南行"。

《粤海关志》记载，海口总口出产槟榔、藤丝、椰子、楠木板枋、牛皮、猄皮各货，其他九口俱与总口同。清朝时期，海南土产的输出相当活跃，只要看一看琼州府的税收就会得知大概：海南关税总额两万三千多两，海口总口每年额征银有一万三千多两。

清代前期，海南的土特产不仅被输送到大陆南方各省，而且也到达了北方。如海南的砂糖，销到华北的许多港口，甚至远销辽东湾头的锦州府等地。万里之外的京城，海南人赴京华的越来越多，他们到北京应试、做官、经商。乾隆年间在北京建立的琼州会馆就是见证。总之，海南与大陆间的联系日益密切，这与贸易交往的推动作用是分不开的。

　　清末，南行的经济实力在广、闽、南、潮、高五行中居中位，至民国初年进入高峰期。南行活动场所，先是琼山、澄迈牛皮业商人建立的敖峰会馆，后是文昌商人在中山路设立的文昌会馆，先后有王绪祺、张徽五、陈礼运、陈为智等老板在商界遥遥领先。

老街商家

　　每次漫步老街，总会抬头观看，看那骑楼店家的瑞隆号、赖发盛和荣生号等商号，看那百货零售的中兴商店、精华公司、远东公司、裕大公司等商家，其中裕大公司的名头最大，品牌价值最为响亮。心头禁不住思量，当年是怎么样的？

　　当然，只能是遐想，只能是思量，只是漫无边际胡思乱想，不可能穿越时间长河，回望百年历程，遑论身历其间，深入其境。当年商家已逝，长街店铺早已物是人非。抚今追昔，感念当年经营生意的商家稳居店铺方寸之地，运筹帷幄，居然做起跨洋越海的大生意。

　　想当年，泰昌隆老板智慧非凡，竟涉远洋风波，经沧海浪涛，创新商业经营，把侨批生意做得有声有色，既有益客户，也有利自己。尽管侨批所托的数额不菲，但不收取客户分文，而是审慎大胆，把款用于市场，用来在新加坡市场采购商品运回琼州。

裕大公司旧址

这种经营方式，不能不说是商业采购中的大胆创新，在创新中经营生意，把生意做得春意盎然。经营侨批的泰昌隆，还兼营旅店业及进出口贸易，而且左右逢源。抱团结伙，和衷共济，在商言商，长盛不衰的五邑会馆，令人不得不沉思其经营策略。那些不能引领市场繁荣的商家，可怜商店冷冷清清，没有人气。尤其是饮食店，像声名显赫的琼南酒楼，它到底是如何经营"海南八珍"并且赢得顾客盈门？著名的商号梁安记到底是怎么以"人舍我取，人取我舍"为座右铭，在商场中如鱼得水，赚得盆满钵满？

经营粮业、糖业和土特产进出口的邱厚生米行，如何审时度势成为海口头号粮商？如何在商场上与梁安记、云旭记形成鼎足之势，合称民国海口"三大商号"？其间绝不是简单的开门迎宾喜接八方。除了诚信经营之外，货物周转、资金支出必有过人之处。

还有，近代医药名店广德堂，该店经营的地道药材货源，怎么均由各省市的陈信义药材代购？为什么生产的鹿茸膏、鹿胎膏、黄皮酒、安胎药等深受市民喜爱，市场销售旺盛，历久不衰？除了货真价实、诚信不欺外，他们还有什么秘诀？

那个云旭记从小商贩开始，稍有积累时，遵循经营熟悉商品的祖训，绝不涉陌生之行，绝不贪非分之利，稳扎稳打。在把好经营土特产出口商品的本业的前提下，待时机成熟才大步跨过新的行业，大量经营进口销售"洋纱"，分销及时，流转迅速，竟然获利丰厚。

那个云氏会馆的八角楼，居然是骑楼老街的法国领事馆的房产。当年万众瞩目，很多人不敢有非分之想，而云氏侨领却是胸怀开阔，目光远大，就按市场价买下，服务族众。还有那个琼郡启明电灯公司，他们抱团闯进城市服务的新行业，居然是合股公司，由清末举人林居升、华侨姚如轩、美国教徒陈正纪3人合股创办，他们是怎么想，又是怎么经营的？

更奇特的是海口规模较大的私人机械厂广发号。其生产的门铰、门锁等小五金居然畅销全市，海口各商号使用的手摇机械井和小泵抽水井等设备也出自该商号。还有锦兴棉织厂，清末至民国时期，该商号在海口市几家大型纺织企业中排名第一位。

民国时期，海口骑楼老街经营各种各样商品的商号有600多家。这些商号既开展激烈的市场竞争，又在竞争中团结合作，是竞争对手也是合作对象，撑起一个繁荣热闹的市场，让热带骑楼老街不断扩大，迅速发展，最终跻身首届十大"中国历史文化名街"。

我想，其间必定有不为人知的商业秘密，而这些秘密就掩藏在林林总总的商家经营者的头脑中，体现于市面店铺的陈列

与铺排中，突现于店铺商号的别具一格的字号中。所以，行走骑楼，鉴赏老街，品味街市风情，最重要的是揭开这里头不为人知的历史秘密。

这样做的目的是什么？不是为了自己经商赚钱，而是为了了解前辈商家的精神意志，探索他们的思想品德，学习他们的商业情操，寻求他们敢于走向世界大舞台的伟大志向。

在决胜全面建成小康社会的新时期，在以贸易自由便利和投资自由便利为重点的自由贸易港政策制度体系建立的新时代，为建设国际旅游消费中心，很有必要深入了解骑楼，了解老街，了解海口市场经济的发展历程。不为别的，海南自贸港正在走向世界大舞台。

精华公司

海口骑楼老街是一处占地约 1.21 平方千米的老街区，早在海口所城拆除之前的 1920 年，这一带的街区商铺就有上百家之多，众多客商在城内外聚散，使这里成为海口最繁华的街区。

这一时期，从事百货业的商铺大体分批发、零售 2 种。早期经营百货批发的商家有瑞隆号、赖发盛和荣生号，从事商品零售的有中兴商店、精华公司、远东公司和裕大公司，等等，声名相当显赫。当年，位于中山路的中兴商店独辟蹊径，在市场竞争尚未时兴明码标价的情况下，亮出"不二价"，颇有影响，深受消费者信赖。

1919 年，精华公司抢滩海口骑楼，仿效中兴商店营销做法。

当时，没过多久中兴商店便败下阵来，精华公司扬眉吐气，在海口百货业中独占鳌头。看着精华公司生意兴盛，新开张的海口百货行业远东公司也乘时崛起。当年，远东公司与精华公司恰好是斜对面，双方经营的商品门类也基本一致，仿佛对门唱两台戏剧，两家公司面对面经营，竞争愈演愈烈。

毕竟商场如战场，商战的竞争激烈而残酷。不久，远东公司经营不善，不得不将商铺转卖。后来，裕大公司开始经营，精华公司再次棋逢对手。

裕大公司店铺在博爱北路54号，那个地方原来就叫"裕大楼"，经营布匹、百货零售，兼做布匹批发，人来人往，是黄金铺面，相当热闹。精华公司则是各县布商到海口进货的必到之地，也是海口时尚窗口、士林名媛圆梦园地。无论是上海流行布料，还是广州时兴纺纱，在精华公司都能买到。尽管市场竞争瞬息万变，但精华公司有3层楼宇，有6个股东，股金合计12000银元，有华侨直接支持，有侨商王桂苑（先树）做大股东，所以占尽先机。由于位置优越，服务周到，价格合理，精华公司40余年的商海拼搏，取得一枝独秀的经营业绩。

当时，琼海华侨从国外汇款大多经香港汇丰银行转回家乡。精华公司与嘉积侨批局有协议，约定由侨批局驻港经办人把侨批款项借给精华公司的驻港采购员，再由精华公司在海口把借款归还嘉积侨批局。这是当年商场竞争中最有效的经营创新，巧妙利用客户资金，进行采购货物，大进大出，合作双方互助互利，经营安全便捷，成为新型的商业企业。

从此，精华公司利用现金进货，成为最受港商欢迎的客户，市场竞争力十分强劲，从零售行业到兼营批发，迅速成为批发

大户。这种经营业态在竞争中所向披靡，战胜了对手。当年竞争对象在捉摸精华公司经营模式之时，并不了解精华公司是经营机制赢得市场。

精华公司在商业经营中创新机制，他们制定商业守则，实行商场聘任制，自主经营，下放权力，听任经理主持商业角逐。这样做的结果是公司获得较大自主权，担负经营职责，守信负责。企业发展要慢慢滚动，不可能一蹴而就，这是精华公司发展的成功之道。

公司的前期经理是何位川，后期是何仿，他们是市场竞争中逐渐凸现的商业骄子。1950年5月海南解放后，精华公司改为公私合营企业。此后，精华公司融入了国民经济发展洪流。

裕大公司

裕大公司是近代企业，前身为远东公司，成立于20世纪20年代初期。当年，裕大公司进入市场，横空出世，审慎经营，可是不久便与精华公司展开激烈的市场竞争。

裕大公司设立之初，经理是马元山，合股资金4万银元，店铺在博爱北路（现红霞商店），与精华公司恰好斜对面，两家公司互不相让，竞争几乎到白热化程度，十分激烈。

开始时两家公司保持并驾齐驱的局面，后来裕大公司力不能支，逐渐萧条，终至关闭停业，将店铺转卖给著名琼籍华侨殷商王绍经。

之后，裕大公司由王绍经之子王桂苑独立经营。王桂苑经常作海口—新加坡（海外）—香港—海口—嘉积巡回考察,根据市场形势的千变万化，适时调整竞争策略。

裕大公司巡回考察取得了很好的成绩，公司经营以布匹批发为主，非常符合当年市场需求，受到客户欢迎，常常顾客盈门，经营看好，公司持续发展。

今日，裕大公司掩藏在骑楼老街中，除了四层楼建筑镌刻的"裕大公司"商号之外，早已另辟蹊径，不复旧时业态。同样是这幢楼，现存的只是这处旧址，不再有当年气魄。

恢复过去已不现实，应该有新的有实质性内涵本质，装入文化艺术，引导人们进行文化消费。当然，这不是这处建筑能回答的问题。一条老街历经百年沧桑，能否赓续文脉，能否让人触摸它的灵魂，使之自然呈现历史文化形态，就不是只靠一处老店能解决的问题。

还是要请教中国历史文化名城保护专家委员会的老专家，让他们为老街的文化提升和业态重整出谋献策。据了解，阮仪三教授曾感叹，现在要恢复传统业态，还有很长的路要走，而这也是很多商店业态重整的必由之路。业态重整涉及产权，涉及居民利益和经营效益以及其他深层次问题，有很多事情要做，并非几句话能说得清道得明的。

但是，如果让骑楼老街的皮鞋店、服装店、旅游用品店等自主开张，这些能不能代表老街文化？老教授十分感慨，他说：历史文化名街首先就是历史和文化，是否应该优先考虑文化品位和人文内涵，而不是让文化艺术机构等进入并存活，这是一个实质性的问题。

换一个思路，能否切合市场，能否符合商业规律，能否取

无法忘却的南洋骑楼

得实质性效果，这并不由教授来决定。比如曾经在中山路开办的药房，在阮仪三看来颇有地方特色和文化传统。"中国传统药店的一大特色是中医坐堂诊病，是面对面与患者沟通，富有人文关怀。"可是现在能否再坐堂，文化和业态重整是否应逐步吸引相关的人员和机构，保留并恢复传统？

海南岛解放后，裕大公司资金转入合资建设海口和平电影院，新的布局使裕大公司重新装扮进入市场。就这样，王桂苑调整他父亲投资经营的方略已不再继续，曾经风云一时的裕大公司退出历史舞台。可是，骑楼老街能否创新业态，重振当年的经营风采？

琼南酒楼

琼南酒楼是海口近代饮食行业的老字号，创办于民国初期，地址在海口市柴竹街（今新华路），邻近琼海关和"五层楼"、侨商等大旅店。同街的还有中国酒家、长安酒家等大型酒茶楼。当年，柴竹一条街，美食荟萃，饮食业全天候供应，尽显人间烟火。

在激烈竞争中，琼南酒楼以先进的经营管理以及精益求精的烹调夺得鳌头。酒楼经营品种多变，先后推出琼南大包、琼南伊面、琼南特菜等餐品供应市场；菜谱也丰俭由人，味美价廉，常年备有1银元3味、2银元5味、3银元7味、4银元8味、5银元10味等品类。

琼南酒楼最突出的菜肴是远近闻名的"琼州八珍"，即文昌鸡、嘉积鸭、东山羊、琼东莲子、万州燕窝、和乐膏蟹、福山乳猪、临高鱿鱼八大特色琼菜。平时喜庆包办筵席、农历正月往往要提前半个月预订。据说宋子文回文昌老家探亲，宴席就设在琼南酒楼。

据资料介绍，当年，海口市的酒楼大多位于新华北、新华南一带。像琼南酒楼、中国酒家、长安酒家等都有能力一次承接上百桌酒席。这些酒家大都楼高几层，引领潮流，装饰华贵，服务周到。而其中最为成功的，就是经营近1个世纪的琼南酒楼。

琼南酒楼的老板覃启杰，人称"琼南四爹"。他亲自下厨掌勺，烹调技术精湛，经营方法高超。覃老板推出的琼南大包、琼南伊面等都是令人垂涎的琼州美味。从这可以看出，琼南四爹就是金牌名厨，同时也是一位美食家，不然酒楼怎能出此美味？

我国有句名言："民以食为天。"吃饭问题，始终是社会也是人生的头等大事。所以要讲究吃得好、吃得雅，

琼南酒楼旧址

赋予文化的形式与内涵，并逐渐摆脱对物欲的单纯追求，升华为一种精神享受。毫无疑问，作为文明古国，中国菜风靡世界，显然有它源远流长的特点。

苏东坡是美食家，他曾写过一篇《老饕赋》，自嘲为嘴馋的"老饕"。其实，所谓"老饕"，是无休止、无原则、无辨别地贪吃，吃得很庸俗；可是苏东坡却很有节制，有所食也有所不食，吃相比较风雅。可见，他自称为"老饕"颇有戏谑之意，名实并不相符。

当年，多少人想成为金牌名厨，有的甚至是偷偷学艺，但要真正成名成家，必须具备多种条件，并非轻而易举所能成，更不是几道"琼州八珍"就能达到。新中国成立后，琼南酒楼几经改名，最终于20世纪70年代更名为海口饭店。

岁月不居，琼南四爹早已离世，海口饭店也在轮转中一再更改名字，即便是继续经营也已改变商号，其经营的食品已无法保持当年的美食味道。虽然如此，海口市民偶尔提起琼南酒楼，无法忘怀舌尖味蕾之时，仍然是啧啧称赞。

可见一家企业，最重要的是所经营的产品是否别具一格，是否深入市民心田。而在今天，海口酒楼随处可见，但琼南酒楼的历史功勋仍然时时被提起，这种声誉的影响，早已深入人心、刻入骨髓，并没有随着时间的流逝而消失，因而使得琼南酒楼成为酒楼名家。

泰昌隆

人们盼望时和世泰，讴歌盛世泰平；一个普普通通的"泰"字，意义非常深远。

查看《说文通训定声》看到："安定平和；泰，安也。"《庄子·庚桑楚》说："泰而不骄，威而不猛。"《论语·尧曰》云："以祈国泰民安。"吴自牧《梦粱录》道："家贫躬耕，粟熟则食粟……处之泰然也。"于是，便有了泰日（天下太平的时代）、泰治（太平安定）、泰定（安定）、泰和（太平）、泰平（政教清平，国泰民安）、泰通（国泰政通）……

于是，给旅店取名，有人便取为"泰昌隆"，意思是极大昌盛，昌盛到了极致。泰昌隆是海口骑楼老街的三大旅店之一，是新加坡文昌籍华侨投资合股共同兴建的旅店，是一家兼具南洋风格和古代中国式建筑风格的旅店。方

泰昌隆旧址

无法忘却的南洋骑楼

一落成，该店便声名大震。

1923年，泰昌隆经海口总商会向政府申请批准，获得个体商业执照，1925年，泰昌隆侨批局成立，除了经营旅店业，同时还兼做进出口贸易等业务。开张之际，四方来客云集，旅店热闹非凡。泰昌隆侨批局就直接从新加坡用侨汇进货，运回海口销售。

在几年前的海口骑楼综合整治项目中，不得不提在调研中发现了老字号泰昌隆旅店的股东簿。据该股东簿目前的持有者介绍，股东簿如实记载当年泰昌隆旅店的公司章程、股东相关信息等，骑楼老街灰白的墙体和显赫的商号是那个年代的历史见证。

据说，泰昌隆对入职伙伴的要求非常严格，须背诵"重信义，除虚伪，节情欲，敦品行，贵忠诚，鄙利己，奉博爱，薄嫉恨，戒奢华"的股东信条，还要求一遍一遍抄写，要求牢记与执行。

当年，初到海口来的南洋客，如果你讲琼海口音，接待人员便盛情邀请，将你连同行李拉到大亚旅店，因为大亚旅店的老板是琼海人；而如果你操文昌口音，那就邀请你到泰昌隆，因为泰昌隆的老板是文昌人。生意做到这个份上，不得不说老板用心良苦。

与精华公司一样，泰昌隆也善于乘风借力发展自己。它研究侨批，用侨汇进货回海口销售，由于信用极好，侨汇充裕，进货方便，生意便做得顺顺当当。拥有别人所不具备的经营条件，泰昌隆非常珍惜这一机会，所以在生存竞争中持续发展，立于不败之地。

邻着泰昌隆的，还有一家也是经营旅店业的悦来客栈。相对于泰昌隆，悦来客栈显得十分低调。悦来客栈是临近新中国成立才开业的，它开业比较晚，但店面从中山路延伸到长堤路，当时曾经叫"南京旅店"，后来权衡再三，遂改名字为悦来客栈。

悦来客栈一楼前边和后面都设临街铺面，初期曾经营"九八行"。那时候，长堤路旁还是海水奔流，时常有船停靠一边卸下货物。据史料介绍：从海南解放到公私合营前，中山路店铺基本是私营手工业，大多经营椰雕店、木屐店、镜画店、修表行、刻章店等杂货店……也有纸业、糖果、土特产、烟酒行、水果、副食品、布铺、药材行、茶行、日用百货等各种类型的商铺，街面比较繁荣，生意也做得不错，对于悦来客栈来说是经商上的大好事。

有这么好的市场环境，在竞争中发展，在发展中竞争，是对手也是合作对象。调整经营策略，调剂街市货物存缺，有利于商品供应。就这样，客栈与旅店不是敌对经营，而是合作经营，泰昌隆家大业大，倒是一副和衷共济的样子。谁能说，这不是良好的经营方法呢？后来，他们都参加了公私合营，成为共和国的商业成员，彼此都成了合作伙伴。

梁安记

梁安记是清末至民国初期海口著名商号，创始人梁建绩，世居骑楼老街水巷口。梁建绩年幼时，他的父亲病故，他被过

继给叔父。叔叔经营咸鱼店和小物品兑换，他帮忙打理。

不久叔叔过世，给梁建绩留下微薄遗产。安葬叔叔完毕，梁建绩思考如何生存发展，如何在水巷口站住脚跟，发展叔父留给他的产业。颇具商业头脑的梁建绩，凭借小资本做起自己的生意。在步入中年之时，梁建绩积累了资金与经验，已成为当时富甲一方的名商。

梁建绩的创业门道是从当"水客"开始的。那是一条充满风险与生死之路。他携带水产品乘船出洋，冒着风浪前往香港、澳门销售，辗转再三，再从外地买回日用品销售。

获得第一笔资本之后，梁建绩开始在中山路经营"九八行"——梁安记。

什么是"九八行"？由于海南海域辽阔，物产丰饶，凭借海口港是水陆交通枢纽，海南岛各市县商贩所收购的土特产大都汇集骑楼，委托"九八行"代销，该行从中得利。比如，卖100元的货，代理商得2元，货主得98元，"九八行"就因这种分配方式得名。

清末民初，"九八行"著名商号属于梁安记、云旭记和邱厚生。

梁建绩经商有道，选贤任能，严明店规，培养了一批勤奋诚实、善于经营的店员，把生意盘活，产品远销新加坡等地。

梁建绩的老家就在水巷口的一横路，那一带基本上是低矮的砖木建筑。因为这些地方是海口最早的码头和航行通道，岛内土特产都在那里集散交易，一些从事码头搬运工作的福建移民最先在河道两旁建房定居，移居此地的先民用勤劳的双手撑起了水巷口的繁荣。

梁建绩立足于水巷口，放眼外面世界。他派员工往三亚、陵水、琼海、定安、琼山、屯昌等地收购赤糖、荔枝干、槟榔等土特产品，并在琼山府城开设糖坊收购赤砂糖。

梁建绩在徐闻沿海投资盐田，还在中山路、博爱路购买十几间铺宇，在文明西路建住宅并购买大楼。此外，他还派专人驻扎上海办理货物，在天津、广州、汕头、北海等地与可靠的商号长期合作。由于信誉良好，经营范围不断扩大，他开始加工牛皮销往香港。

梁建增不是守财奴，他生意兴隆，但留心生计，关注民生，热心公益事业，捐资兴办医院学校。当年，海口地区瘟疫流行，他捐药捐物，资助困难同胞，深得社会认可。

1939年2月10日，日寇侵略琼州，梁建绩避难上海租界，后来因病死于上海。就这样，一代商业奇才命殒他乡，留下无限的遗憾，让水巷口的街市凭吊他的英灵。

邱厚生米行

自从宋代开埠，海南米行就一直生意看好。当年，作为蛮荒之地，海南粮食奇缺，故苏东坡有"北船不到米如珠"（《纵笔三首·其三》）之叹。珠米桂薪，经营米业者如鱼得水，获利颇丰。

清朝末年至20世纪30年代，海口经营粮业、糖业和土特产进出口业务者之中，资金最多、实力最强、规模最大的商号是较早开设的像一匹黑马般的邱厚生米行。

这家米行为海口市的头号粮商，它创建于清代光绪年间，在市场经营中盈利之后，邱厚生米行继续扩展，又择址迁移，迁往中山路，与梁安记、云旭记形成鼎足之势。

邱厚生米行创始人邱景祥，在商场上与梁安记创始人梁建绩、云旭记创始人云旭如合称民国时期"海口三大富商"。邱景祥从福建漳州移居海口，先在水巷口创建厚生号，经营粮业、糖业和土特产进出口等业务，由于经营有道，成为当年资金最多、实力最强、规模最大的商号之一。这段家族发展的历史，曾使邱景祥的子孙后代颇为得意，感到骄傲自豪。

当年，邱家住宅落成时，那是城区首屈一指的豪宅。如今，看那斑驳的墙壁，熟悉海口的老人陷入沉思，他们从小在这里长大，熟悉这里的每一寸土地，见证它的兴荣与衰败。

当年，邱家老宅占地2亩，四进四出的大院有20多间住房，有上千平方米房舍，可供数十人同时入住。房屋建造用料考究，均选用上等坤甸木

邱宅与商号旧址

搭建，建筑方式为古代传统的榫卯结构，没有使用一颗铁钉。在各个主屋之间，还有偌大的天井，居住在此十分舒适。

邱家庭院花丛摇曳，品类繁多，庭院里筑有池塘，由于历史原因，如今只残存颓垣断壁。原先的石雕壁画做工精美，画面栩栩如生。面对至今依稀可见的花纹，令人十分感慨。

邱氏家训明示："做好人做善事。"邱景祥不忘祖德，做好人，做善事，尽其可能帮助别人。生意做大了，他特别热衷做善事。修路修桥，资助学校，支持教育，遇到天灾人祸开仓放粮……邱氏子孙回忆：这些事是从父母口中得知的，他们要将家风家训传承下去。

当年，邱景祥在经营中如何遵从"九八行"商业规则？难道他在生意外有什么秘诀？

邱景祥手中有《陶朱公商训》，有"理财致富十二则""理财致富十二戒"和"商场教训"，这些"商训"包括两个方面内容。陶朱公告诫商人：立足商场，必须立好支柱。一条是商业活动中的各种业务和技术支柱。另一条是在外部讲"合"，即坚守合作、协调；强调内部要"和"，即和谐、团结的"和合"。也许这就是做生意的秘诀，它能产生倍数效应。

邱景祥过世之后，当时他的子女年纪尚小，未能继承他做生意的衣钵。由于没有人打理生意，家里日渐衰败。再后来，子女们就各自分家。邱景祥家已传过第五代，子孙从事不同的职业，依旧无人经商。虽然未免有些遗憾，但祖辈教导的家风家训仍然坚持不变。

岁月流逝，老宅沧桑，痕迹斑斑，但却无法遮掩当年的风采。如今，子孙进进出出，主屋年久失修，能住的地方已不多。

无法忘却的南洋骑楼

只有逢年过节之际，子孙们才会回到祖宅相聚，那是令人开心的喜乐日子。有了孩子和年轻人的打打闹闹，才感觉老宅重新焕发出勃然生机。

城市在更新，市区在扩大，政府整修骑楼老街，希望保护好城市历史文脉。邱宅这座饱含历史沧桑、蕴蓄丰富的城区老建筑，凝固着海口文化精神和遗产，应该保护流传下去。

政府审慎地提出，具备如下5个条件之一的，都可以推荐为城市的历史建筑：其一是反映海南地域建筑文化特点的；其二是建筑样式、结构、材料、施工工艺和工程技术具有建筑艺术特色和科学研究价值的……

就凭这些，邱氏住宅就有获得新生的希望。邱厚生米行的历史将得到传承与保护，邱景祥的愿望将会在城市的保护中有所延续，当年的历史场景将在传承中得到发展。真不知道邱景祥的后人今日能否奋起，老一辈勤勤恳恳地劳作，子孙后代是否能发扬光大。

广德堂

广德堂是一家近代著名医药商号，在海口医药行业中独树一帜，享有盛名。当年，广德行先辈驰骋商海，苦心孤诣，专注药业，坚守信义，终于在老街站稳了脚跟。

创办于清光绪年间的广德堂，当年瞄准契机，由广州陈信义药材行家族集资，股东入股，在骑楼老街买地建房开业，地址就在海口博爱北路。

当年，海口市的医药企业并不多，就是有规模也不大，大多是惨淡经营，像广德堂这般规模的企业，本身就很少，广德堂开业之后，由于货源充足，生意很好，很受顾客称道。

企业的股东通通姓陈，经理由股东聘请经验丰富、业务纯熟的人担任。货源由各省市的陈信义药材行代购，全是地道正货。零售部设在铺店前面，批发部设在里面。

广德堂楼上设有医堂，延请有名中医师诊治，店铺后面设有货仓和加工场，兼顾坐店抓药。加工场的药工均是熟悉药物药性的老职工，工作认真负责，从未出现过失误。

对于老客户和殷实商号的购药，广德堂则发给登记簿，逢年过节结账，深得商界称赞。特别是精制鹿茸膏、鹿胎膏、黄皮酒、安胎药、生化汤、感冒茶等出售，市场信誉很不错，受到顾客赞扬。除海南各县药店多来进货外，雷州半岛各县也来购药。

几十年间，广德堂一直雄踞海口医药业界的榜首，是老街市民信得过的老字号。药店经营讲究信用，大医精诚，坚守"修合虽无人见，存

广德堂

心自有天知"的诚信理念，把病人当作亲人，童叟无欺，赢得人心。由此可见，在城市经营医药行业重要的是凭良心。

看广德堂的商铺，三层骑楼，装饰精致，下层广阔，便于经营，这般门面本身就是一种实力，是顾客信得过的号召力，是赢得经营的感召力。这般状况，不得不令人佩服。

陈信义药材行救死扶伤意识极强，其"信义"要则为"处世益谦，处财益宽，处能益逊，处分益德"，强调"太过满则必倾，执中者平而稳。凡人存心处世，务在中和。不可历势凌人，因财压人，因能伤人，因仇害人。倘遇势穷财尽，祸害加身，四面皆仇敌矣"。

广德堂坚守"中和"的处世哲学，从小处做起，把忠孝之心引向家庭，从父母兄弟引向社会公众，把谦恭品质从待人接物引向经营之道，追求"和谐"。

所以说，百年老店的品质各有各的要领。"觉人之诈不形于言，受人之侮不动于色，此中有无穷意味，亦有无穷受用。"商人恭敬微笑的背后也有许多不为人知的苦涩。

1950年5月，海南岛迎来解放。尔后，广德堂转为公私合营，换一种方式发展。再后来，根据市场需求转换为经营别的商品。广德堂已不经商，但商号一直延续至今。

云旭记

海口老街骑楼建筑群初步形成于20世纪20至40年代，距今已有约100年历史。老街最古老的建筑四牌楼，大约建于明代前期，至今也有600多年的风云岁月。

那是20世纪30年代，骑楼已有35个行业572家商店，如云旭记、梁安记、远东公司和广德堂。再后来有著名旅店和综合性娱乐场所，有"五层楼"、大亚旅店、泰昌隆等，许多大商号在老街的骑楼里开展看不见硝烟的竞争。

清咸丰年间，《天津条约》签订，海口成了当时全国十大对外开放的口岸之一，成了全岛对外开放的窗口。当时，下南洋的华侨开始回家乡投资建设。1849年，最早的骑楼建筑在水巷口、博爱路的四牌楼附近相继落成。之所以叫作水巷口，是因为过去这里是码头，街在水边，船能靠街。因此，骑楼老街就从这里延伸，逐渐聚集人气，形成闹市。

海口骑楼老街主要分布在得胜沙路、新华南路、中山路、博爱路以及解放路一带，街道两旁是近百年历史的富有南洋建筑风格的骑楼。这些建筑大多是20世纪初从南洋回来的华侨所建。骑楼外表灰白简朴，仔细欣赏能够发

云旭记

现，骑楼建筑大多雕塑精致，颇有巴洛克风格。骑楼的层数大多是两三层，如今有些还保留早前商号，保留有凭栏、门窗等精美装饰。

清末民初，原驻琼山府城甘蔗园的云旭如闻到商机，开始在海口市水巷口开设商行。云旭如年轻时做过小商贩，经过多年艰苦奋斗，渐有积累，便到水巷口参与竞争。

云旭如的长孙云昌漠比爷爷更具经营头脑，他视野开阔，雄心勃勃。接过云旭记后，他把眼光投得更远。除了操祖父旧业，继续经营赤糖、槟榔、瓜子、芝麻等土特产出口之外，还瞄准新出产的"洋纱"，瞄准布匹精美适市，大量进口经营，盈利比较丰厚。

资本是在经营中逐渐积累起来的，是在市场角逐中逐渐变得雄厚的。在基本完成资本积累时，云昌漠在博爱路开设嘉华号店铺，销售布料，在水巷口另设尚亦庄经营汇兑，还设立同懋号专营代理业。在激烈的市场竞争中，云旭记纵横驰骋。

这时候的云旭记老板，在水巷口的尚亦庄上放眼瞭望，看街市上人来人往，踌躇满志。他操纵数百万银元的资产进入市场，进退自如，时而奔走于嘉华号，时而徘徊于同懋号，谨小慎微地做生意。他看到梁安记发展，比之于自己，不觉再三沉思。

云昌漠善于反思，以人之长，比己之短，学人之长，克己之短，举一反三，触类旁通，可谓："仰观天文，俯察地理，中通万物之情；究天人之际，探索宇宙、人生必变、所变、不变的大原理；道古今之变，阐明人生知变、应变、适变的大法则，以为人类行为规范；这一天理即人道的天人合一的哲学思想，

称作天人之学，此为我国传统文化的最大特色。"（《民国琼山县志》）

为此，云昌漠稳操胜券，不管是出口土特产还是进口新出产的"洋纱"，他都挥洒自如，诚如老子说的"知其白，守其黑，为天下式"的道理，做到生生不已，刚健昌盛。

广发号

广发号是近代工业企业的商号，是海口市近代工业企业的鼻祖。早在19世纪20至50年代，广发号就在商品竞争中崭露头角，成为海口规模较大的私营机械厂。

广发号机械厂位于大兴路的尽头，与振东街接近，厂长是关达荣。机械厂兴办之初，主要生产门铰、门锁等小五金产品。20年代初，机关、学校普遍购置铜鼓、旗旄等金属制成品，以及各商店兴起使用手摇机械井和小泵抽水井，这些大多由广发号承包经营。

当年，机械厂生产日益兴盛，便派人到香港购置车床、铣床、钻床等设备以扩大生产。此后，启明电灯公司发电机损坏、琼海关缉私艇机器维修、琼崖汽车公司配制汽车零件，大多与广发号联系，由机械厂派人维修。由于业务不断发展，厂区逐渐扩大。

由于业务精通，待人诚恳，信誉良好，广发号在市场竞争中持续发展。当年，广发号是海口屈指可数的工业企业，而承担业务又拿得起、放得下。就在民族工业企业艰难发展的时候，

无法忘却的南洋骑楼

国际形势风云突变，日寇开始侵琼，导致了经营状况恶化。

日本军队侵占海口后，广发号的业务骤然下落。在狭缝中生存，还经常遭受日本军队和日伪政府压榨，广发号咬着牙根，坚持维持下去。那样的艰难境地，民族工业在生死存亡中喘息，没有坚强的意志与毅力，根本没法活下去。

抗战胜利后，关达荣和他的4个儿子钻研掌握了多种技术，已能制造碾米机、水泵和供酒厂及汽水厂用的蒸馏器。他们为帆船安装动力、修理柴油机、制造各种汽车零件等。然而，虽然企业生产业务有较大发展，却屡遭纸币贬值通货膨胀的打击，企业濒于破产。

不知渡过了多少难关，好不容易熬到海口解放，广发号机械厂终于等来了人民当家作主的时候。之后是公私合营，机械厂开始自主经营，自主发展，为海口近代工业存留下基本生产技术。再后来，经过企业改造，机械厂在多次运动斗争中自我改造，成为城市工业的先驱。

云氏会馆

海口老街很有特色，沿街骑楼引人注目。近年来，不知有多少游人把目光投向中山街道的南洋骑楼，投向热带海岛滨城海口所特有的历史建筑。在欣赏南洋骑楼中西合璧的立面藻饰的同时，有不少游人喜欢置身于沿街骑楼的长长檐廊之中，既体验躲避午间烈日和午后豪雨的情趣，也感受到南洋骑楼老街建筑所独有的人文关怀、文化风采。

老街老房，富有老味，但绝非老模老样、老调重弹，而是掩藏滨城海口街市建设之初兼收并蓄的开放思想。虽然临街建筑是南洋骑楼风格，但与骑楼咫尺之遥的八角楼却是欧式建筑、法国风格。当然，还有什么哥特式、罗马式或是别的什么模式。琳琅满目、异彩纷呈的建筑风格互相映衬，互相补充，展现了海口历史文化名城的城市风采。

这里所说的欧式建筑、法国风格的八角楼，位于义兴街178号，义兴街是海口的几条老街之一，当然八角楼也是老街的最早建筑之一。八角楼建于何年，历史档案里已找不到详细记录，只知道那是早年法国领事馆的房产。也许，法国领事嫌原址临近闹市，或者楼房面积不大，或是别的什么原因，总之领事馆要搬到海甸岛新址，便将八角楼售给云氏家族。

那是19世纪下半叶，这幢八角楼算是一处非常惹目的西式建筑，它所处的位置又相当不错，而且楼房造型新颖，建筑质量上乘，占地面积不小，当然价值也不菲。那么，一个海南本乡本土的云氏家族，哪有这么大财力，一下子就买断这一幢新潮楼房？这不是笔者的疑问，这是当年众多海口市民的疑惑。况且，买下这幢楼房，又有什么用途呢？

1个多世纪过去了，现在的八角楼临路一面的墙壁上镶着"云氏会馆"4个大字。从当年的法国领事馆到今日的"云氏会馆"，显然其中隐藏许多不为人知的秘密。

那是属于八角楼的历史秘密，也属于云氏家族的历史秘密，更是属于一个街区、一座城市的历史秘密。海南云氏会馆基金会的专职干事向众人讲述了云氏会馆的沧桑历史。

当年，云氏后裔、旅泰侨领云茂修正想在海口筹建一处汇

云氏会馆牌匾

聚云氏宗亲的场所。得知法国领事馆搬迁，便与旅泰云氏族人商酌，并募集大洋 37050 元，把八角楼买了下来。据现存的 1948 年及 1950 年"县（市）地介册"记载，该楼业主姓名首列"云参政堂"。也就是说，八角楼买下后便更名为"云政参堂"。

"参政"是"参知政事"的简称，那是云氏二世祖云从龙的官阶官衔。云氏过琼始祖云从龙，生于南宋理宗嘉熙元年（1237 年），25 岁中进士，经历了元灭宋的战乱。

元至元十六年（1279 年）诏示金牌虎符，授云从龙为宣武将军，出任湖广邕州安抚使，同年再授怀远大将军，出任广东琼州安抚使。此时，云从龙与父亲云海、母亲苟氏举家迁至琼州，落籍海南文昌。尔后，云从龙官至资善大夫、湖广安南等处行中书省参知政事、镇南节制大将军，成了云氏家族中的杰出人物。云从龙是海南云氏家族奠基者，故八角楼业主姓名首列"云参政堂"。

此外，档案中产权代表的"云维山"，是云从龙的别号。云维山早已不在人世，由当时驻海府地区的云氏家族宗族长子（俗称"宗子"）云光中担任代管房产责任人。

《云氏族谱·参知维山公传》记载："云从龙天资聪敏，器量宽宏，仪表丰伟，与人和易，遇事果断。从龙自幼矢志向学，淹贯经史，涉猎百家……在广东任上，他兴学校，除暴政，养老赈贫，通商惠工，粤民至今颂德不忘。"这一传记写于何时，不得而知，但从族谱及云从龙家书等相关史料得知，云从龙为人处世明白事理，做官从政抚循百姓。

一座海南云氏会馆，其中隐藏着云氏先祖的史迹，从中可以窥视海南人文历史。从云从龙从政功绩及存留诗书来看，他文韬武略，卓尔不凡，不愧为云氏俊杰。

得知云氏会馆的来龙去脉，对这座历经风雨的八角楼倍感兴趣，就愈想参观这原先的法国领事馆。昔日的法国领事馆八角楼，或者说原先的"云参政堂"，是砖墙盖瓦结构，中间为两层楼房，呈八角状。其楼格局紧凑，走廊宽阔，既保持西洋建筑内屋开阔的特点，又吸取南洋骑楼设有长廊的建筑专长。现在所看到的三层楼房，是后人在两侧及前面增设的附加建筑，虽然附加建筑使原来房屋布局稍有改变，但还算是基本保留原有的建筑风貌。

据了解，买下八角楼之后，云氏族人仿照广州"云参政祠"的模式，使新设立的"云参政堂"成了海南云氏后裔饮水思源、缅怀祖德、联络族谊的活动场所，成了为海南云氏子弟来海口读书提供食宿、为海外宗亲过往海口的接待提供方便的活动场所。

19世纪20年代末30年代初，"云参政堂"曾是琼崖地下党从事革命活动的秘密联络据点。日寇占领海口，云氏族人星流云散，"云参政堂"无人管理，房屋财物损失殆尽。直到日寇投降，"云参政堂"物归原主，云氏宗亲的活动才恢复正常。1952年，此处云氏家族房产由军事管理委员会接管，其后物换星移，

无法忘却的南洋骑楼

房产辗转多次，后来作为新华区政府的办公楼。

1983年，海口市人民政府曾拨款对此处历史建筑进行保护性修复，并将其列为市级重点文物保护单位。的确，作为海口老街幸存的为数不多的西洋建筑，"云参政堂"有较高的建筑艺术价值和文物保护价值。与附近的老街老房一样，它见证了海口城市发展历史，是历史文化名城极为宝贵的人文财富。1997年7月30日，海口市人民政府将房产发还云氏宗亲。从此"云参政堂"更名为"海南云氏会馆"，海南云海公益基金会就设在会馆三楼。

由于云从龙在粤琼两处为官，云氏子孙也分居海峡两岸，所以是"粤琼望族"。前文提到的筹款购买法国领事馆的旅泰侨领云茂修，他是19世纪闻名华泰地区的著名侨领和卓有成就的企业家。云茂修是旅泰云氏的第二代，他支持辛亥革命，是中国同盟会的骨干。云茂修兄弟以及子侄，在泰国政坛影响深远，素有"部长家族"之称，一时威名显赫。

1988年清明节，古稀之年的泰国财政部前部长云逢松先生应国务院侨务办公室的盛情邀请，率领旅泰云氏大宗祠亲友团一行60多人，返粤回琼，省亲扫墓。异国游子回归故里，乡情族谊感人，一处"云参政堂"所体现的是海南云氏家族的凝聚力和向心力。

从法国领事馆到"云参政堂"，一幢八角楼凝聚着云氏旅泰宗亲的深情厚谊。他们把爱家乡爱宗族的满腔热情化为"云参政堂"的一砖一瓦，构筑了代表宗族情结的云氏大厦。从"云参政堂"到"海南云氏会馆"，这幢用乡情构筑的八角楼，尽管历经风风雨雨，但是依然不改初衷，依然履行敦宗睦族的职责，握手言欢，依然笑迎云氏父老兄弟。

一个城市的历史建筑，说到底就是这座城市历史文化的视点。从"云参政堂"到"海南云氏会馆"，这中间起伏跌宕的历史变化，从表面上看是一家一姓的宗族文化，从本质上看是一街一区的地域文化。一家一姓，一宗一族，从表层看是小小的宗族社会，但放在较大的空间，从海南到广东，从国内到国外，那么无数的小宗族就构成一个大社会。

从"云参政堂"到"海南云氏会馆"，所反映的虽然只是一个宗族的历史变化，但是从一个侧面也反映出一个大社会的社区和谐，也反映出民主社会的人文关怀。而正是这种人文关怀反过来促进了一个城市、一个地区和一个国家的和谐，形成良性大循环。

锦兴棉织厂

锦兴棉织厂是海口近代工业企业，是海南最早经营纺织业的一家工厂，该厂的地址在海口市北门马路（今博爱路）45号，老板先是陈达卿，后来是陈达卿的次子陈成章。

清末民初，锦兴棉织厂开始兴起，在海口市几家大型纺织厂商中排名首位。那时候，棉纺织业是新兴产业、新兴企业，产品市场需求量较大，销路看好，一时办厂者为数不少。然而，市场竞争相当激烈，异常残酷，必须有足够的竞争能力，才能站得住脚跟。

锦兴棉织厂兴起之初，所采取的策略比较现实，就是无论

如何必须拓展市场。该厂继任老板陈成章比较勤奋，善于经营，他用心钻研出一套先进的经营管理方法，用于工厂管理，比较切实可行，使生产和销售长期兴旺，高潮的时期，该厂储存的工具多达400台。

此外，锦兴棉织厂还积极扩股，参与其他市场竞争，还在德兴、德生、德源、源新等4家布厂各投资50%的股，又与万兴米厂合资，从香港购进先进的碾米机，加工大米，使工效增加数倍，很受市场欢迎，为市民所接受，在海南加工业企业中独占鳌头。

陈成章在发展中向外开拓，左右逢源，使锦兴棉织厂欣欣向荣，其他业绩的发展势头也非常强劲，万兴米厂也在竞争中迅速发展，是海口有突出贡献的企业家之一。

1950年5月，海南岛解放，公私合营如火如荼，陈成章审时度势，放下包袱，接受政府对公司进行改造，加入政府首批改造工业企业的大军，率先成为公私合营企业。

琼郡启明电灯公司

电灯是用电作能源的人造照明用具、人工光源之一，是电流把灯丝加热到白炽状态后用来发光的灯。1809年，英国皇家研究院教授汉弗莱·戴维爵士用2000节电池和2根炭棒，制成世界上第一盏电灯。1879年10月21日，美国发明家爱迪生不畏艰难，反复试验，终于点亮世界上第一盏有使用价值的电灯。电灯的发明使用大大推动了社会进步。

电灯一般分为白炽灯、气体放电灯和其他电光源三大类。白炽灯即普通的一般常用的白炽灯泡，用于居室、客厅、大堂、客房、商店、餐厅、走道、会议室和庭院。

荧光灯俗称日光灯，特点是光效高、寿命长、光色好，有直管型、环型、紧凑型等，是应用范围非常广泛的节能照明光源，广泛使用于会议室、展览展示厅、客厅、商业照明、影视舞台、仪器仪表、汽车、飞机以及其他特殊照明。此外，还有高强度气体放电灯，如荧光高压汞灯、高压钠灯和金属卤化物灯。

中国的第一盏电灯闪亮在清光绪五年四月初八（1879年5月28日），当时在上海公共租界工部局工作的英国电气工程师毕晓浦在乍浦路的一幢仓库里，以10马力蒸汽机为动力，带动自激式直流发电机发电，点燃碳极弧光灯，宣告电灯开始在中国使用。

1882年，英国人立德尔购买美国制造的发电设备，在上海南京路创办中国第一家发电厂，并在外滩一带串联接上15盏电灯。夜幕下粲然夺目的弧光灯吸引了数以千计的市民出门围观。20世纪50年代，只要鼓浪屿的电灯亮起来，人们就知道已是晚上8点整。

海口电灯公司成立于1915年，由清末举人林居升、华侨姚如轩和美国教徒陈正纪3人合股集资创办。厂址在今海口市文明东路和青年路交叉口处，为海口电厂的前身，也是海南电力工业的发端之地。当时，电厂仅安装英国生产的20马力柴油发电机1台（约15千瓦），发电也仅仅供给海口军政机关和大户人家的生活照明。

　　1920年，电灯公司柴油发电机增加到4台，装机容量增至400马力（约294千瓦），城市供电开始进入工业生产领域，但是仍以照明为主，供电范围很窄。

　　1923年，公司改组，改名为琼郡启明电灯公司。

　　1939年2月10日，日本军队占领海口后，强行接管琼郡公司，改称"日本志座"，并安装日本产的1台50马力和3台530马力共约1200千瓦的发电机组。

　　1950年5月海口解放，电灯公司改称为海口电厂。从此，海口电力逐渐发展，满足了城市供电。

难以忘怀的温馨家园

街市喧嚣，园内里静，弹丸之地，蕴含丰厚，非同寻常。

不管是谁，置身其间，都能说出一连串的倾心相慕的理由。这是一种不由诉说的爱，一种发自内心的至真至纯的爱，是一种至美至妙的大善无瑕的爱。

古人传说：龙呵气成云，降而为甘露，就地挖掘，掘井出了龙泉。难怪，这口古井前立有"天龙"的神位。这是园内里的井，是一口神井，一口龙井。

这是生活的馈赠，这是街区的人文历史遗存，这是园内里的文化景致。历史名城，化文泉涌；城市"双创"，美不胜收。园内里呵，这里头卧虎藏龙！

园内里

园内里，边陲小镇的发祥地，滨海城市的"风水宝地"，海口市民最早"凿井而饮，耕田而食"的聚居地。早先，这里河沟纵横，水运便捷，物产丰饶，曾是"海上丝绸之路"的海口内港。如今，园内里还完好保存香火鼎盛的聚善庵和"龙井"的奇特景观。

古人把"井"与"市"相提并论。古文"市井"中的"市"字其本义就是"交易"，而"市井"的意思是"古代城邑中集中交易的场所"。古代人口稀少，物资匮乏，原始商品交换是以物易物，交换地点一般是在井边，即在清晨汲水之时互通有无。所以，井边是商业文明发源地。

也就是说，园内里曾是城市商业文明的"起点"，是海口最早的"集市"之一。甚至可以这么说，是先有园内里，后有城市街区。抚今追昔，行走巷道，探访老街老宅，解读故园人文，激发古里活力，建设文明社区，促进城市发展，必将使我们的生活更加美好。

聚善庵

聚善庵，创立于清乾隆年间，原在大英山上，后来迁至园内里。当年，除了聚善庵之外，周边还有伏波庙和广济庵。而这三处庵庙，以聚善庵香火最旺、信众最广、影响最大，为时人颂扬，闻名遐迩。

为什么以"聚善"为庵名，且又声名远播呢？史载，两宋以来，海南文化进入了鼎盛时期；有明一代，中进士者62人，中举人者594人，海南因此赢得"滨海邹鲁"之称。这么多士子，大都集中在海口地区。园内里一带，居民习学成风，闾里弦歌不辍，此乃"首善之里"。因为如此，创立者便从荀子"积善成德，而神明自得，圣心备焉"（《劝学》）一句中取"劝人积德行善"之意，命名"聚善"。

不仅是庵名为"聚善"，而且不远处的桥也取名为"善善"。以善为本，与善为邻，风俗古朴，传承至今，这是文化名城的价值取向。城市老街区就是以这种文化载体，表现对生活方式的认同和核心价值的传扬。

难以忘怀的温馨家园

福德庙

园内里是古巷，是闾里，是市民聚居之地。从城郊到古巷，

福德祠

从闾里到社区，园内里永远不变的是对脚下土地的敬重，是对生活的敬畏。

土地是财富之父，所以土地公被称为"福德正神"，主管土地财富的划拨，其名号之重、地位之隆，由此可略见一斑。特别是繁华街区，寸土寸金，但园内里狭窄的巷道却腾出了宽敞的庙宇殿堂，这不得不说是"得土者昌，失土者亡"。

与古巷简陋的民居相比，福德庙显得豪华尊贵。难怪那么多福德庙自鸣得意，小庙对联尤是踌躇满志：或曰"五行公居末，三才列位中"；或曰"白发知公老，黄金赐贵人"。由此看来，土地公的确为有德之人，绝非等闲之辈。

园内里的福德庙很有意思，门前还有蹲踞一旁的忠心耿耿的守护神"石狗公"。了解内里之后，不得不肃然起敬。这石狗公是汉武帝的"狗监"杨得意，西汉司马相如是他推荐的，真是令人大开眼界，的确是有福有德之里！

龙 井

街市喧嚣，园内里静，弹丸之地，蕴含丰厚，非同寻常。

不管是谁，置身其间，都能说出一连串的倾心相慕的理由。这是一种不由诉说的爱，一种发自内心的至真至纯的爱，是一种至美至妙的大善无瑕的爱。

古人传说：龙呵气成云，降而为甘露，就地挖掘，掘井出了龙泉。难怪，这口古井前立有"天龙"的神位。这是园内里的井，是一口神井，一口龙井。

这是生活的馈赠，这是街区的人文历史遗存，这是园内里的文化景致。历史名城，化文泉涌；城市"双创"，美不胜收。园内里呵，这里头卧虎藏龙！

善 井

"聚善"之庵，劝人行善，庵内之井，亦名"善井"。

从这口井的处所，从其名称，从其形貌，可以透视街市世俗，可以了然民风民情。善井位于聚善庵，是善人所挖掘，以善益众，众生福德，"善井"二字，寄托了善众的意愿。善井水涌泉源，泉润众生，厚德载物，井水亦善，真是名副其实。

何谓"善"？老子有言："上善若水。"老子尊崇"居善地，心善渊，与善仁，言善信，正善治，事善能，动善时"

（《老子》）。适时而动，造福市民。僻处一角，润泽众生，默然无声，不与人争，聚众之善，化为甘露，岂非善泉？呜呼，泉亦善哉！

咸水井

明朝初年，为防倭寇，兴建城堡，构筑城墙，诞生了海口所城。其时，园内里位于海口所城外墙的南门之外，在大英山东西湖的北岸，那里山青水绿，是风水宝地。

清代，海口人口速增，居民辟田园，建住宅，发展成村落，其时，园内里被称为"园内村"。

1926年，海口单独设市，园内村被规划为城区，定名为园内里。从那时起，生活在园内里的市民耕耘市井，和谐相处，安居乐业。

马房咸水井

2015年城市"双创"，中山街道以"改造居民生活现状，满足基础功能需求，保护历史文脉根基，提升街巷环境品位"为重点，挖掘具有乡土特色的街巷文化，注重对太阳太阴庙、聚善庵、古井、文武庙等历史文物的保护，使古老文明与现代文明相得益彰。

有意思的是，园内里88号的一侧，保存有一口完好的咸水井。相传，该井修于乾隆年间，井水长年凉爽，但略微有些咸味，故称为"咸水井"。咸水井不深，井水看起来清澈，饮用却有点咸，初看有点浊，但不久水便变清，市民无法解释，以为神助，燃香致敬。

查阅资料方知，原来别处也有咸水井，而并非此处所独有。比如，苏州太湖园博园的附近也有一口咸水井，水质偏咸，煮粥发绿，倒有点像苏打水，令人不解。而专家认为，可能是靠近太湖流域，水质受太湖水的影响，而太湖部分区域有石灰岩（主要成分为碳酸钙），石灰岩能溶解于水，碳酸氢根离子含量自然比较高。

据海口的老市民说，2014年，超强台风"威马逊"袭击海口，骑楼老街城区停水停电，时长7天7夜，咸水井再次成为街坊邻里取水的福地，人们用三轮车来拉水，来来往往络绎不绝。老居民说："到了晚上11点，还有人来排队拉水，人声鼎沸，就像回到了小时候。"

回忆园内里的咸水井，有人忆起20年前发生的事，那件事让居民对古井满怀敬畏之心。据说，那时候有两个小孩在井边玩，打打闹闹不幸落入井中，大人赶紧去捞，却发现孩子们浮在水面，好像没事一样。因为如此，在园内里的其他水井被填掉时，咸水井却保留了下来。

对园内里居民来说，这口陪伴他们200多年的老井，是平安吉祥的象征。

难以忘怀的温馨家园

西门外

西门外，位于海口所城的西门之外，是滨城海口一处繁华热闹的商业街区，一处历史名城底蕴丰厚的人文社区。古老海口所城的西门早已消失在历史的烟雨之中，但是西门外的古街古巷，却依然存留清末潮行、潮州会馆、百年商号等商业文明印记。

西门外街 牌坊

西门外，这里保留着时代变迁的城市记忆，那是值得珍藏的历史记忆。从1926年海口从琼山划出单独设市，直到1950年海口解放，这里既是城市的商业中心，也是海口的政治文化中心，市政厅曾设立于离此不远处的新华南路5号，离西门外的牌坊很近。

还有，这里也是海南文化传播中心。在相当长的历史时期，海南日报社就设在这里；古巷里小印刷厂已经营了近百年，如今仍坚守这种传统的手工作坊模式；人民广场仍然光辉难掩，文化气息依然浓郁；东西湖就在眼前，那里曾荡漾"海上丝绸之路"的帆影。

谁能想到，这里是商贸业较为密集的社区，这里是"海上丝绸之路"祭拜妈祖的圣地，这里也是人文遗存极为密集的社区。难怪，西门外社区曾被海南省民政厅评为海南一级居委会，曾经获得中央文明办、民政部等国家单位颁发的"全国百佳学习型社区"荣誉称号。

天后宫

一般地说，天后宫所建之地，大都濒临大海，靠近港口码头，这样的条件才符合"救助海难，纾民困厄"的"海上和平女神"的形象。西门外一带，远离海岸，市声喧嚣，没有一丝半点海洋的痕迹。其实，这是当代人的错

天后宫礼堂

难以忘怀的温馨家园

觉，是百年来的天翻地覆的变化。

西门外原先是海口内港，现在的天后宫前原先是东西湖码头，得胜沙内河就流经西门外的天后宫，原来"海上丝绸之路"的航船就曾在天后宫前停泊。早在19世纪初，现在的青少年宫还是一片水塘。一场暴雨过后，西门外一片汪洋，一望无边。

大海就在眼前，祈求航行平安，在码头建天后宫祭祀"通灵神女"，显然要比在内街更有吸引力。于是，"天后祀奉"作为妈祖信俗的一项民间活动在西门外显得更加热闹。基于此，2012年6月，海南省非物质文化遗产"天后祀奉"的匾额便悬挂在天后宫门口。

西门外民众祭祀天后，地域色彩鲜明，气氛庄严肃穆，风俗厚重浓郁。这种传统习俗反复积淀，构成独特的文化传统，已发展为有海外华人参与的具有深远意义的活动。因为如此，2015年1月，"海口天后祀奉"被列入第四批国家级非物质文化遗产扩展项目名录。

福德祠

福德祠，俗称土地公庙，这是现代街区特色鲜明的人文景观。

这是街区老巷的人文建筑，是祭拜土地公的场所。这是历史文化的遗产，是地方传统的习俗。保留这处福德祠，就是保留历史名城的文化习俗、人文景观。

现代城区离不开历史文明，而历史文明并不排斥历史文化遗产。这三者相互交融，相辅相成，相得益彰，这是现代文明城市的原动力、推动力。

城市"双创"，需要原动力，需要凝聚力，需要向心力，需要源于老街古巷的丰富的文化力。让土地公也"参与"文明城市的创建，让传统的文化力转化为文明建设的现实的推动力，这是现代城市新的"福德观"，是现代文明城市生活的道德观。

老 井

老井，西门外街区的历史文化标志之一。当年，这一口井泉，曾经映射出老街古巷的生活景致；现在，这口老井仍映照出历史文明之光。在现代文明的供水管道没有向闾里延伸之前，从明清所城到民国新街，这里大大小小的水井有上百口之多。

城市化进程在加快，一口口老井被填平。一口老井消失，一段历史沉没，一个情愫湮灭。于是，仅存老井就显得格外珍贵亲切。

岁月如流，井泉如涌。老井保留了西门外的历史记忆，保留了当年汲水炊烟的景致。如今，它依然水汽淋漓，依旧清泉甘洌。人们不会忘记，老井千秋福泽。

难以忘怀的温馨家园

人和坊

城市是人创造的，城市的主体是人。城市叙说的是人的故事，讲的是人的历史，表现的是人的情感、人的需求、人的魅力。城市要发展，街区要繁荣，重要的是发挥人的作用，所以要求"人事要和谐，民心要和乐"，说到底，就是要"人和"。

人和坊

人和坊的先民深谙城市发展奥秘，他们把祖辈聚居的街坊命名为"人和"，致力传承"天时不如地利，地利不如人和"的千古理念，弘扬传统美德，和睦相处，互敬互爱，创造并分享城市建设的文明成果。这成果最重要的一点，就是社区和谐。

这里有民国时期老海口的饶园——曾是社会名流社交场所，是当年的高档社区。如今，天时、地利、人和三者兼具，古老街区，助力"双创"，造福闾里，促进和谐，百年牌坊正重新焕发老街文明的青春活力，正在演奏文明城市的人和乐章。

龙 井

孟老夫子说："天时不如地利，地利不如人和。"可是，听了人和坊古井传说，就知道这非凡之里上得天时，下得地利，中占人和。

街坊何来此言？听老人这样说：海口所城初建，饮用之水不洁，建城能工巧匠患病人数日增。玉帝悲悯海口，派龙王了解情况，于是龙王化身老头。此老头子，曲背弯腰，凸突双眼，容貌奇丑，他求神灵赐口水喝。多么可怜啊，老人口渴求水。生灵心善，献上香茶；茶水浑浊，老头倾掉，如是者三。正迟疑间，生灵倾诉水浊缘由，老头听罢，挥动拐杖，画地为井。转瞬之间，天崩地裂，金光冲天，云龙离地，井壁之内，土块飞升，神井涌现，看其泉水清澈。

这是龙井故事，也是人和故事，是善有善报的历史故事。人和坊是"首善社区"，中山街道是"首善街道"，海口是"首善之城"。

难以忘怀的温馨家园

福绥梓里

这是罕见的人文牌坊，这是天、地、人相和合的历史标志，这是文化名城宝贵的文明印记。这牌坊，这标志，这印记，只能出现在这里，只能出现在人和街区。

何谓"福绥"？古人所讲的"福"，指的是"祭神的酒肉"。《曹刿论战》曰："小信未孚，神弗福也。"意思是："小小信用不足以使神灵信服，神灵是不会赐福的。"

"福绥"就是用丝绳把"福"拴住，拴得紧紧的，把它拴在"梓里"。何谓"梓里"？说的是桑梓，说的是故乡。古代，住宅旁边常常栽种梓与桑，所以故乡也别称为"梓里""梓乡"。而"福绥梓里"，就是神灵赐福的故乡，赐福的居所是人和坊。

福绥梓里

是的，也只有人和坊能配得上树立这样的人文牌坊，只有"首善社区"才配得上屹立这样的标志。福绥梓里，只有文明城区才配得上耸立这样大气的文明印记。

福至心灵，福佑子孙，福赐人和，上苍厚爱。人和坊"守信用，讲道德，懂礼仪，爱故里"，创造文明和谐社区，城市"双创"使这人和宝地洪福齐天。

福德祠

这是又一座人文建筑，这是又一个文化故事。与福绥梓里一样，这是历史文化名城人和里保存完好的文明街区的历史标志。

别看体量不大，须知这是寸土寸金的繁华城区。拥有这么大的面积，饰有这么体面的外观，处在这显赫的要道，绝非那么容易。

古人云："得土者昌，失土者亡。"所以，人和坊先民敬天、畏地、爱人，于是设立福德祠，以报天地之大德，以报神灵之大义。

福德祠直书："白发知公老，黄金赐福人。"土地公坦诚，把黄金赐予有福有德之人。所以闾里人和，街坊兴旺，成了"首善社区"。

难以忘怀的温馨家园

居仁坊

居仁坊，位于海口所城之内，原叫马房村。先前，这里与千户府、参将署面对面，是马厩所在地。作为海防军事设施，

居仁坊入口

明清时期的千户府、同知署等曾在这驻扎。当年，武官大都粗通文墨，但把近邻居处称为马房村有损风雅，于是清代便改名为居仁坊。

这是现代海口的肇始地，城市文化的发源地。1924年拆除海口所城城墙，扩建街区，相继建起博爱路、文明路、新华路和新民路等街道。从马房村到居仁坊社区，街区发生了翻天覆地的变化，但永远不变的是对"仁"的崇尚与坚守，是居仁地，行仁道，是"首善社区"。

地名是城市历史的人文符号，是街区文化的精神风貌。居仁坊是"仁"的集聚，除了海口所城历史遗址之外，还有中山纪念堂、关帝庙和太阳太阴庙等历史文化遗存。今天，海口城市"双创"赋予居仁坊崭新的文化意蕴，古老街区正焕发出城市文明的原动力。

太阳太阴庙

这是现代城市极为罕见的人文遗存，这是极有文化价值的历史遗产。

太阳是地球的老父亲，太阴是地球的老祖母。祭祀太阳太阴，就是祭祀我们的生存环境，就是"与大自然保持和谐、与社区族群保持和谐、与自己的身心保持和谐"，这是一种极其可贵的人文思想，一种极其高超的深奥科学，一种穿越古今的道德礼仪。

祭祀日月，保留亘古时代海岛居民崇拜自然的

太阳太阴庙

生活习俗。这是一种哲学思辨：太阳属阳火，至刚至阳；太阴乃寒水，至阴至柔；阴平阳秘，刚柔兼济，水火交泰。

闾里和谐，这是至高的生活境界。从另一个侧面讲，追求高境界的文明城市，需要阴阳和谐的文化维度。太阳太阴庙就是文明载体，因而选择居仁坊安身立命。

百年街区，繁荣昌盛，居仁坊社区"讲礼节，重信用，自觉自律，友善礼让"，文明风气形成，切合族群的和谐至理。从文化学的角度审视，居民祭拜太阳太阴，实则是祭拜和谐生活。而生活的和谐，就是居仁坊的最高释义，是祭祀太阳太阴的本义。

吴氏大院

吴氏大院，其雅号为"春山寓庐"；百年故居，深藏街巷，俗称"番客老宅"。

大雅寓庐，卓然独立，旁观滨城风云；大俗老宅，闹中取静，阅尽海口春色。

从外观看，此屋随俗；进里头看，此宅雅致。主人叫吴世富，侨居新加坡。是他，含辛茹苦，竭尽乡情乡思，建成如此房舍，使春山寓庐肃立在居仁坊的街巷之间。

如果说，骑楼老街是历史名城的文化视点；那么，吴氏大院则是历史名城的文化亮点，文化热点，旅游视点。这座古老的吴氏大院，隐藏于围墙之内，中西合璧，那独特的建筑风格，它的材质，它的构架，它的形态，它的品味，使骑楼店铺相形见绌。

百年厅堂，依然高雅；百年地板，依然锃亮；百年照壁，依然不改本色；百年门户，依然旋转，守护庭院。尽管历尽沧桑，依旧傲然屹立。番客老宅是海口对外开放的历史产物，吴氏大院是历史街区的人文建筑。这所大院，隐藏街市，这所寓庐，隐藏春山。

中山纪念堂

1926年，为了纪念中国民主革命的先行者孙中山先生，其时适逢海口从琼山划出单独设市，海口总商会便发动全市商界商号踊跃捐资，建成了意义重大的海南标志性建筑——海口市中山纪念堂，为后人留下了历史文化建筑，为城市留下了历史文化标志。

1964年，海口市人民政府拨出专款，对中山纪念堂重新修葺并略为扩建，维护城市历史建筑完整，保持好原来风貌。中山纪念堂坐北向南，建筑面积1045平方米。纪念堂有7级混凝土台阶，主体建筑巍峨壮观，气势雄伟，绿色琉璃简洁流畅，十分醒目。

纪念堂整体结构为中西结合风格，正面门檐横匾上刻有"中山纪念

中山纪念堂

难以忘怀的温馨家园

堂"5个大字。檐下清水石红方柱支撑堂顶。柱间5门，正中为大门，两旁为侧门。厅里南高北低，北设主席台，南设悬楼，悬楼两侧为上楼通道。悬楼之外为楼庭，厅堂设有1200个座位。

所有这些，只不过是记录这座建筑的外观与内设，其间说明的是设计者的良苦用心。让一座建筑来纪念孙中山先生，让中山纪念堂来说明城市建设者的文化至诚，这座建筑达到了这一意义。今天，凭吊伟大民主革命先行者，心中升起了对设计者的无限崇敬。

关帝庙

西关内，那是历史地名，即"西门城关之内"，属于骑楼街区之内。西关随着所城拆除已消失在历史的风雨之中，而关帝庙却穿越岁月烟云顽强地保留下来。由此看来，海口有很强的文化包容性，这座古庙就是文化包容性的历史见证。

西关内关帝庙，原来叫作西禅庵，兴建于明万历年间（1573—1620年），它外奉祀关羽，内崇菩萨，庄严肃穆。据《西禅庵福田碑》，这座庙历经修葺，香火鼎盛，到清康熙二十九年（1690年），信众集资购田产充当香火费用。

后来城市拓展，信众渐多，经费不敷。1925年，信众公开集资，又新建并购铺面一间，将铺面出租，租金供住持及香火之需。1927年，海口市政厅"折关建街"，西禅庵被拆除了大部分，仅剩下一殿，供奉关帝。

尔后，破旧立新，显赫一时的关帝被搁置于一旁，没人关注。然而，传统的"孝悌忠信礼义廉耻"的影响并未完全消失，终于在1989年的春天，庙宇重修，圣像重塑，并在此基础上逐渐拓展完善，使之成为祭拜华夏武圣的历史文化圣地。

龙　井

居仁坊是滨城海口的人文符号，是社区先民对传统道德"仁"的崇尚与坚守，是选择居仁地，选择行仁道，推崇仁信，是海口的"首善社区"。

老子曾说："上善若水。"居仁坊的龙井，深不可测，清泉直冒，井水源源不断：那口井是仁的象征，是义的宣示，是道的法则，是德的体现。

先辈曾留下善言，传说"饮龙井水，精神极佳，百病皆除，非常灵验"。历代相传，当年井边曾立有一方石碑，碑上刻有清代高僧浩澈的《龙王井》诗，其诗曰："绿流深处喷青莲，一脉香流透碧天。短策笑看崖壑冷，白云飞处饮龙涎。"

岁月流逝，石碑消失，古井永存，龙井故事流传至今。

马　厩

马厩，顾名思义，是养马的房舍。马厩位于海口所城的西门，是当年千户府、参将署的官员安顿马匹的地点，亦叫作马房。当年的坐骑早已跑进了历史的长河，但马房的名字却保留

了下来，成了海口城市的历史印记。

这是文明城市的人文记忆。现代城市再发展，也离不开马路、马力、马达等与"马"字相关的内容。城市文化如果离开马首是瞻、马到成功的精神实质，历史文明将黯然失色，文明城市将失去活力。所以，马厩具有非凡的意义。

往事越千年，明清时期海口不知有多少骏马疾驰，但知道府城有马鞍街，南渡江有司马坡……当年安顿马匹的地方也很多，但如今仅存此处马厩，这里曾是马房村，到了清代改名居仁坊，这也许是对马的历史纪念。

龙井对联

无波古井水 有节秋竹竿

小字题颂：古井无波，闾里尚善；居仁有道，行止合义。

这是龙井的对联。龙井已无复饮用，但对联仍供人欣赏。古井水无波，秋竹竿有节，意义深远，不须深解。其小字题颂，即希望"社区和谐，邻里向善；居处讲仁，行合道义"。文明古国讲究仁义、宣传善德，与今天提倡文明和谐同一义理。

行走老街骑楼，欣赏蕴含深远意义的文化遗存，使人在慨叹中潜移默化。别小看这龙井对联，这10个字微言大义，发人深思。它劝诫市民要平心息虑，心静无惧，处变不惊，明白事理，抱一守中，居于仁道，行止合义，共建文明和谐社区。

振龙坊

　　在振龙坊漫步，往东有振东街、长沙坡，往西有博爱北路，往南有新民东路、塘边路，往北是长堤路。辖区内有振东街、新民东路、博爱北路、水巷口等南洋骑楼，其间100多幢的老街房舍，大多是百年建筑，是海口市富有特色的南洋风格老街老巷。

　　此间，在新民东路东门市场，那是海口著名的农贸市场，那里的海鲜产品和海产品干货等各种货源琳琅满目，非常充足，蜚声海内外，是游客购物的首选之地。此间的振龙坊老

振龙坊

人之家、大东老人之家、水巷口老人之家等3处文化娱乐场所，深受老人欢迎。

振龙坊大牌坊屹立街头，气势雄伟，雄踞博爱北路一侧，给人耳目一新的感觉。2009年海口骑楼老街区获十大"中国历史文化名街"荣誉，来自各地的游客走访老街，他们既感慨海口还保存古韵如此精致的骑楼建筑，也对这些建筑破败严重的状况感到担忧。

这里是骑楼老街区，洋溢着南洋建筑的生命力，保存着具有原始风貌的市井生活。这里的原住民讲海南话，喝"老爸茶"，每逢年节，他们烧香祭祖，延续世世代代形成的传统生活习俗，保持传统的海南风俗。这就是骑楼老街生命力之所在，也是希望之所在。

振龙坊，是隐藏在喧嚣街区的一条老巷。从东门街转入这条街巷，里巷两边至今仍然保存一些参差不齐、错落有致的古老建筑，还有铺面招牌、字号牌匾，仍然古色古香。振龙坊原名"胭脂园"，今日居住在老街区的人仍然习惯称呼这条闾巷为"胭脂园"。

这条街道附近原先是海口娱乐中心饶园，那里有海口著名的永乐戏院，料想胭脂园原来可能是买卖胭脂水粉的摊点。海南解放之后，百废俱兴，不知何时，这里扩建改名为振龙坊。这"振龙"二字意气风发，多少反映海口老百姓希望振兴发达、家康人和的夙愿。

每天清晨，古巷两旁的店铺铁门开始拉上，于是市井喧嚣之声铺天盖地，一直喧闹到深夜。走进里巷，偶尔会有光阴停滞、岁月不前的况味。也许，这就是市里生活，从里巷形成之时就如此。除非你刻意离开，决意寻找一方安静处所，不然的话你就沉沦其间。

当然，也有专门追寻热门场所的无聊之人。一般都是逢年过节之时，他们盼来了坊间的琼剧演出，有时是唱对台戏。那是他们最轻松的时刻，可以一家子围坐在戏台下，一边吃瓜子一边看戏，管什么才子佳人、封侯拜相、悲欢离合，管它人生苦短、蹉跎岁月。

由此看来，胭脂园是古老的，是带有脂粉气的，也是丰富多彩的。然而，振龙坊却是现代的，积极向上的，奋发图强的。从胭脂园到振龙坊，还是那些街区，还是那些店铺，还是那些闾里街巷，但时代变化，生活在其间的是不同的人，如今，是新时代拼搏向上的市民。

新时代新海口，城市面貌已经发生翻天覆地的变化。拆除了所城城墙，原先的滩涂地变成了解放西路，成了海口最热闹最繁华的街道之一。隔河相望，海甸岛也已高楼林立，成了闲人达士聚居的场所。看来，只有振龙坊的老人，仍然怀念老街的喧哗与自己的童年。

难以忘怀的温馨家园

义兴街

  义兴是海口老街，早在海口所城兴建不久就已基本形成。当时，那是城市郊区，是大多数富家择址建房之地。后来城市扩建，解放路逐渐形成，义兴街便退到街路的后面。

  在南洋骑楼老街转悠，从解放路金棕榈广场斜对面的小巷里钻进去，径直走进海口市义兴后街67号祖宅何家大院，站在高大的门楼前，眼里依稀浮现多年前何家的热闹场景。

  这条小巷并不短，也不窄，不用那么麻烦问路，很容易就能找到何家大院。真难想象，当年的小巷，可真是藏龙卧虎之地。这里隐藏着"海口第一富"，彰显"去番"家族的发家史。

  严格地说，当年何家大院并非深藏于骑楼老街的深巷之中——因为解放路当年还没修筑，而是裸露着整体建筑。两幢二层楼房中西合璧，五彩玻璃窗花，图案独特的彩色小方格地砖，精致木雕清晰可见，木棉古树参天……所有这一切，无不透露它曾经的繁华。

何家大院的建造者何达启是海南近代实业开发先驱者。他1863年生于琼海，15岁闯荡南洋，历经风浪，终成巨富，而后富贵思乡，回乡创办海南第一家远洋轮船公司和第一家橡胶园。

从1896年起，何达启用了7年时间，为何氏家族在海口建造大屋：两幢高脊平房，三幢南洋和欧式风格的二层小楼，整体建筑风格是典型的中西合璧，占地面积3000平方米。

何子健是何达启的孙子，他说："建房所用的地砖、木头和彩绘玻璃等，都是当时国外购买运回海口的。小时候，大院楼台上常常举办各种聚会，洋人、富商、政要在大院饮酒跳舞、拉琴弹奏。"何子健12岁离开何家大院，到广州去读书与工作，后来移居香港。

何家大院有"海口第一毫宅"之誉。百年来它不可避免地被刻上时代的烙印。1953年它被拍卖，大家庭四散。何子健称：20世纪80年代以来，各级政府陆续出台保护侨房的相关政策，大院归还何家。近年，何家大院所在的海口南洋骑楼老街区正在修缮，作为首届十大"中国历史文化名街"之一，骑楼老街是向海内外游人展示海口人文历

何家大院

史的窗口。

如今，何子健的心事是如何重建那幢被拆的南洋风格二层楼，重现何家大院昔日的辉煌。他希望故宅能成为海南华侨文化的旅游景点，他希望何家子孙在大院里团聚。

何达启子嗣繁盛，后代开枝散叶遍布国内外，其中在美国、加拿大、日本及我国港澳台地区的境外后人逾百人。近年来，何家连续在春节举行家族聚会，凝聚流散的同胞之情。

"每年新春家宴至少30桌，有300多人参加，这个数只能多，不能少。"何子健笑着说，"团圆是纪念何氏家族的根，海内外亲人要落叶归根，每年借这个机会团圆。"

何家人对祖上的怀念是很深刻的，他们永远在纪念先祖公何达启，永远不忘他的谆谆至嘱：宜敦和睦友爱，承节俭之家训，互相勉励，不但守先人之遗业，尤望继续增高。

行走义兴街，并不需要很多时间，一番转悠，几多感想，在徘徊何家大院之后，停步遐想，偌大的街巷，需要一处人文景观，可是，岁月风雨抽打之后，剩下的何家大院也需要维护修葺……

富兴街

富兴街，位于得胜沙路的后面，几乎与之并排共在，在繁杂与热闹中共存。如果你觉得得胜沙过于繁华，那就躲进小巷，去感受其中的人间烟火，领略独有的历史风味。

富兴街比得胜沙路得名要早，在海口所城构筑之初，富兴街已经存在。当然，那时候还不像今天这么热闹，反而是海边零落的景象，显得破败落魄、零落混杂的样子。

当年，西天庙初建成，零零星星的木板房，杂乱无序的白鸽寮，面对着海边的落日乌鸦，没人能想得到它会有今天的繁华。即便是当年法国八角楼初建之时，也不过是地方开始兴盛、街道开始形成，后来才是大张旗鼓，拆墙设市，街道拓宽，设施逐渐齐全。

1994年秋，笔者与时任爱卫办主任冯世增走进富兴街，曾遇见一个107岁的老人，居住在几乎要倒塌的房屋里。劝她搬出去，她执意不肯，说是住久了的地方，已经习惯了。问她当年

难以忘怀的温馨家园

街巷间的传说，她说："见怪不怪，其怪自败。见过几个朝代的人，不谈时代兴衰。"

隔几个月，再往回走的时候，老人已走完了她的人生历程，原先居住的房屋也倾倒了。邻居把门一关，外面涂上石灰，白亮白亮的，也看不见里面的衰败。笔者想，没有谁留得住百年不朽的身躯，去见证时代历史。

但是，城市却不同，它跨过明代，越过清朝，跨越民国，见证骑楼老街迎来"中国历史文化名街"的荣誉，让富兴街发生了翻天覆地的变化。如果再早些时候，老人又会说什么呢？是说富兴街的历史变化吗？富兴街，顾名思义，富兴，富裕，富足，兴旺，兴盛，可为什么那么漫长呢？

城市在等待，等待历史性的变化，等待特定的时刻，那也只能是等到现在，等到现代文明城市建设的历史时期。没有这一彻底性的变化，不可能出现今日巨变。可不是吗？

他山之石

　　学习考察探索的过程是发现问题和提高思想认识的过程，就像俗话说的"他山之石，可以攻玉"。学习深圳市南头古城和福州市三坊七巷的经验，给我们这样的启发：海口骑楼老街是历史遗存、历史建筑、骑楼聚集分布最为突出的重点街区，是珍贵的文化遗产。

　　完全可以这么说，骑楼老街也是一座名符其实的"文物街区"，是穿越历史烟云而保留下来的明清时期的活的"历史城堡"。如何形成"政府主导、部门协作、社会参与"的文物保护发展格局，建成"五位一体"的文物保护工作体系？如何通过采取"文物＋非遗文化""文物＋创意文化""文物＋旅游文化"等模式，以"政府主导型"和"自主利用型"两种实施途径，向社会打包推荐一批潜力较大的不可移动的骑楼，让历史文物活起来？

　　这一项工作是文化创新，任务纷繁复杂，任重道远，但是意义非常重大。把"政府主导型"和"自主利用型"有机结合，让社会主动肩负骑楼老街的文化改造，让历史文化遗存焕发新的活力，这无疑是扩大了海口骑楼文化改造的力量，这是最理

想的保护方法。

发挥社会资本和民间潜力，形成多层次多维度的文化发展合力，就像骑楼老街当初建设那样，扩大宣传，集思广益，浑然天成。本着这一美好的愿望，行走南头古城，面对"南粤首府，港澳源头"，思潮汹涌澎湃，情思连绵；踏访福州三坊七巷，观赏锦坊绣巷，探访名人故居，徘徊古老建筑，思绪纷飞，情难自已。这两处历史文化遗址，真无愧为首届十大"中国历史文化名街"之一，如此气势，如此情趣，我们深切感受到这方土地的文化魅力。

我们一路风尘仆仆，目的是调查研究，学习深圳如何把南头古城修旧似旧，如何体现它昔日的风貌，如何展现它的历史气魄，使之跨越时代，在游客面前活灵活现，让人目不暇接。深圳对南头古城的改动，下了大功夫，做得淋漓尽致，使人不得不敬仰与佩服。

三坊七巷，号称"中国古老街区的历史博物馆"。深入三坊七巷，观看每条街坊，浏览每条间巷，仿佛跨越历史年代，进入特定时期的特定街区。这街坊的背后，是福州城市建设者的呕心沥血，是他们保护古老街区的远大目光，是他们修复街区的决心与毅力。

我们来自滨城海口，来自首届十大"中国历史文化名街"之一的海口骑楼老街的考察团。我们考察团的每个人，无不虚怀若谷，目的是探索发现，潜心学习，对比借鉴，取长补短，借他山之石，攻本山之玉。其实，南头古城就是玉，三坊七巷更是玉，当然，海口骑楼老街也是一块价值非凡的璞玉，有待进一步精心雕琢，使之晶莹剔透，至精至美。

学习的过程是不断改造的过程、不断改进的过程、不断提高的过程。毕竟，海口骑楼老街也有几百年的历史，有600多幢骑楼建筑，有1.21平方千米的成片的古老街区。是的，海南省因改革开放而生，也因改革开放而兴，海南将成为国家改革开放试验区。更可贵的是，中央决定支持海南建设自由贸易港，而海口是自由贸易港的核心区，目标是建设具有国际影响力的自由港，海口骑楼老街将成为海南建设国际旅游消费中心的亮点。

在这样的发展态势下，不仅深圳南头古城、福建三坊七巷是他山之石，香港、迪拜等地的自贸港也是他山之石。因此，这番学习考察仅仅是开始，而海口骑楼老街建设也是刚刚开始。我们相信，一场好戏早已铺排，早已演练，早已拉开了帷幕，只等气势恢宏的大戏开唱。

他山之石

南头古城漫记

游南头古城，不由得深深感慨。古城位于深圳市南山区，亦名"新安故城"，因其历史悠久，被誉为"南粤首府，港澳源头"，成了人文旅游胜地。

南头古城曾是历代岭南沿海地区的行政管理中心、海防要塞、海上交通和对外贸易的集散地。这座古城建于明洪武二十七年（1394年），最初为海防要塞东莞的千户所城，与海口所城同时，是深圳颇具规模的历史人文景观。

《新安县志》介绍：该城汉时原为盐官驻地，三国时设司盐都尉，建成芜城；东晋咸和六年（331年），在此筑东官郡城和宝安县城，可见当时南头古城地位极其重要。

进入唐代，行政中心迁至东莞，南头成了军事中心。1394年，明王朝在大鹏设立大鹏守御千户所城，在南头地区设东莞守御千户所城，这里成了今日的南头古城。后来，明朝设立新安县，新安的意思是"革故鼎新，转危为安"，现在的香港当时属于新安管辖。

南头古城处于江海交通要冲，是海防军事重镇。为防止郑成功袭扰，清政府曾下令禁止出海，迁向内陆，这就是清朝的"迁界禁海"。这种政策迫使老百姓离开家园，大量内迁，新安县被撤销。1669年，广东巡抚王来任再三奏请，清政府在南头古城复置新安县。

南头古城

目前，眼下古城的基础是用黄泥沙土砌筑成不规则的长方形城墙，四周围绕壕沟。南北城墙基址尚存，南城门保存完好，城楼已毁。城门上有一长方形条石，上面小篆阴刻"宁南"二字，看来原汁原味，古朴浑厚。这座古城是岭南古文化的遗存，具有非凡价值。

徘徊古城，南门外东侧是新安关帝庙，建于明万历四十年（1612年）。嘉庆《新安县志》记载："关帝庙……一在南门外教场演武厅之左，万历四十年参将张万纪建。"

古城有间博物馆，展出文物300多件，馆内陈列南头古城的历史变迁和人文历史，展陈深圳城市发展史、抗击外敌侵略史。其次是古遗址、古城区、古建筑展陈，大量文物古迹和历史建筑，体现了昔日古城热闹和繁荣的景象。

他山之石

新安县衙

南头古城是深圳的历史根魂。早在汉武帝时，这里就是全国28处盐官之一的番禺盐官驻地，史称"东官"。三国吴甘露元年（265年），吴帝孙皓在东官设司盐都尉，建成古城。尔后，东晋咸和六年（331年），创建东官郡城和宝安县城。东官郡管辖包括今日广东潮汕、梅州、惠州、深圳、东莞、中山、珠海、香港，澳门，以及福建云霄、诏安等广大地区。客观地说，这座被后人称为"全广门户"的南头古城，当年的经济、文化已相当发达。

目前，这座残存古城的墙呈不规则的长方形，除了北城还残存一段高低不等、断断续续的城墙外，其余部分早已荡然无存，复杂的历史原因造成南头古城现在的文化尴尬。

虽然如此，但是深圳城市保护意识强烈，他们于1999年起保护开发南头古城，工作逐渐走上了正轨。随着博物馆的建成并对外开放，修复后的南门依稀展现出当日的历史风貌。

南头古城还保存有纪念文天祥的信国公文氏祠。文天祥是南宋丞相，民族英雄，"信国公"是他的封号。文天祥的著名诗句"人生自古谁无死，留取丹心照汗青"，那是中华民族坚贞不屈的精神财富。除此之外，南头古城里还有东莞会馆、报德祠等历史建筑以及40余座明清时期的具有岭南及南洋建筑风格的民居。如今，南头古城第一期整修项目已完成，修复了新安故城牌楼、南城门、县衙、新安监狱、海防公署、东莞会馆、文天祥祠、鸦片烟馆、关帝庙、接官厅、聚秀楼、义利押当铺、陶米公钱庄等10余处。

漫步南头古城，浏览这处被誉为"深圳十大特色文化街区"之一的古老遗址，徘徊这处深圳城市的原点，聆听讲解员的介绍，仿佛见证了这座南海旧城的迁移与回归。

南头古城的成功修复，使历代岭南沿海地区的行政管理中心、海防要塞、海上交通和对外贸易的集散地以崭新的面貌重现于世人的眼前。笔者想，海口骑楼老街正在奋起直追。可惜的是，海口作为"海上丝绸之路"的节点城市，城市的历史文物遗址海口所城因城市急剧拓展而被拆除，造成不可挽回的历史损失。

但是，回头一想，海口骑楼老街的修复，苦心孤诣，令人瞩目。在首届十大"中国历史文化名街"角逐中，骑楼老街力挫群雄，成功突围，这不是值得庆贺吗？也是因为如此，我们才来深圳南头古城学习，才有这次的参观考察，才有这次的文化活动。

海口是幸运的，骑楼老街是幸运的，海南是幸运的，全国最大的自由贸易港正在热火朝天地建设。我们学习、参观、考察，能把别人的成功经验带回海口也是非常幸运的。想想海口骑楼，想想南洋老街，历史给我们留下这份文化遗产，不由对这次考察大大增强了信心。

他山之石

三坊七巷精魂

与海口一样，福州也是一座美丽的滨海城市，也有悠久的历史。尤其是它的历史文化街区三坊七巷，闻名遐迩，也吸引我们慕名而来，由此深刻感受了它的文化气魄。

福州三坊七巷，大名鼎鼎，依次是衣锦坊、文儒坊、光禄坊、杨桥巷、郎官巷、塔巷、黄巷、安民巷、宫巷、吉庇巷，加上一条中轴街南后街，组成了一个整体。

这么多的坊，这么多的巷，这么悠久的历史，成就了文化名城福州的辉煌。

史载，三坊七巷始建于两晋，完善于五代，鼎盛于明清。古老的坊巷格局，已经定格于古老城区，至今仍然保留完整，成了中国都市仅存的一块"里坊制度活化石"。

这就是三坊七巷的过人之处、惊人之处，也是它吸引人之处。这里有200余座古建筑，其中全国重点文物保护单位有9处，有众多省、市级文物保护单位和历史保护单位。

三坊七巷，地灵人杰，是"闽都名人的聚居地"，林则徐、沈葆桢、严复、陈宝琛、林觉民、林旭、冰心、林纾等社会名流及许多对中国近现代史影响重大的人物皆出于此，使这方热土充满特殊的人文价值和神奇灵性，成了罕见的"明清建筑博物馆"。

　　走进"三坊"第一坊——衣锦坊，这处是宋朝陆蕴、陆藻兄弟居住的里巷，他们"学而优则仕"，衣锦还乡，荣耀乡里，使里巷也占上"衣锦"荣光，使千年后人接踵而来。听说，衣锦坊16号是清嘉庆进士郑鹏程的居宅，坊中水榭戏台最具特色。戏台下是清水池塘，正对阁楼，中隔天井，在清水明净、清风和煦中看戏，具有声学原理和美学价值。

　　走进"三坊"的第二坊——文儒坊，感受这处里巷文气儒雅的居所，别有一番风味。相传，此巷初名儒林，以宋祭酒郑穆居此而得名。清代，饮誉全国的"民进士"之家（五代都中进士）陈承裘故居也在坊内。陈承裘长子是清宣统皇帝的老师陈宝琛。此外，《石遗室诗话》的作者陈衍居住坊内，陈家隔壁为现代著名法学家柯凌汉教授。

衣锦坊

"三坊"的第三坊——光禄坊，那也是名人聚居之地。明末，坊间有万历年间举人、画家林有台，提学孙昌裔，学政许豸，等等。清康熙年间，坊内居住有考古学家林侗、精通诗文的林佶。还有翻译家林纾、作家郁达夫等。

游览"三坊"，目之所及，都是文人墨客、学者名家故居；触目所见，便是琪花瑶草以及宋至清的摩崖题刻。历史如此偏爱，让这里被列入福州市第一批文物保护单位。

行走"三坊"，文气沛然，凡家俗子，目不暇接。上天把精华存留在这里，把游客的精神留在这里，让人步入此方宝地后难免有点遗憾，遗憾"三坊"占尽了福州风光。

走走也觉得累了，便坐下休息。左顾右盼，眼光不自觉地投向杨桥巷。那里是林觉民烈士的故居，后来卖给冰心的祖父谢銮恩，冰心在《我的故乡》中曾对故居有过生动的描述。后来，巷道扩大，道路通畅，但仍保留了林觉民烈士和女作家冰心的故居。

从故居里走出，进入郎官巷，据说是宋代官员曾居此，子孙数世皆为郎官，故名。这里也是中国近代启蒙思想家、翻译家严复的故居所在地，内面有严复生平介绍。巷口立有牌坊，坊柱有对联："译著辉煌，今日犹传严复宅；门庭鼎盛，后人远溯刘涛居。"

还有塔巷，因旧时兴建育王塔院于此而得名，被视为福州文运兴盛的象征。清代在巷内筑小塔，以作纪念。

不知不觉中，走进了黄巷。相传，晋永嘉二年（308年），固始人黄元方（280—375年）避乱入闽，落户于此，故称此处为黄巷。唐代崇文官校书郎黄璞（837—920年）曾居此。又传，唐末农民起义领袖黄巢进军福州，听黄璞大名，命令兵士"灭烛而过"，勿扰其家。

安民巷在黄巷南边，所谓"安民"，与黄巢发兵福建有关。因唐末农民起义领袖黄巢带兵入闽，于此张贴安民告示，故名。抗日战争时期，新四军驻闽办事处也设在此。

还有宫巷，据考究此巷旧名仙居，因此中有紫极宫而得名。宫巷里豪门大户住宅精巧，藻饰豪华，窗户漏花，镂空精雕，榫接而成，木格骨骼，精心编成图案，是福州古建筑艺术的集大成者。

最后是吉庇巷，俗称"吉避巷"。传说，宋代郑性之中状元衣锦还乡，巷中居民因曾凌辱过他而赶紧回避，遂称"急避巷"，后以谐音改为"吉庇巷"，取吉祥如意之义。曾改名为吉庇路，后来福州整治街道复名，并对破损古建筑进行整改，恢复原貌。

除此之外，三坊七巷还包括一条中轴线——南后街，这里从坊巷兴起至民国时期主要商业街形成，南来北往，商贾云集，街市繁荣。因为商业发达，这条街才得以在建设大潮中兴盛发展。

安民巷

他山之石

・255・

南后街商业业态规划，描绘了酒吧、咖啡厅、顶尖奢侈品的"新面孔"。这些新业态将给传统的南后街注入现代文化元素，但不知现代因素是否会影响传统元素。南后街沿街保护性修复工程已启动，再现"衣锦坊前南后街"历史风貌。

三坊七巷是福州历史名城的重要标志之一。这里坊巷纵横交错，街面铺石，白墙灰瓦，山墙委曲，布局严谨，匠思奇巧，地灵人杰。这个地段出将入相，走出了众多著名的政治家、军事家、文学家等，使街坊与里巷大名鼎鼎，成了中国都市中心规模最大、保留最完整的明清古建筑街区。它在首届十大"中国历史文化名街"评选中以高票获选，实至名归。

漫步旧街市，三坊七巷的文化清风扑面而来，不管是欣赏还是探究，是赞颂还是讴歌，不知不觉之中洋溢其间的中华文化精魂赫然闪耀，星光灿烂，其历史遗存使人由衷敬佩。

参考文献

［1］唐胄.正德琼台志［M］.海口：海南出版社，2003.

［2］蔡光前.万历琼州府志［M］.海口：海南出版社，2003.

［3］张岳.嘉靖广东通志［M］.海口：海南出版社，2003.

［4］陈景埙.乾隆琼州府志［M］.海口：海南出版社，2003.

［5］张岳崧.道光琼州府志［M］.海口：海南出版社，2003.

［6］贾棠.康熙琼州府志［M］.海口：海南出版社，2003.

［7］李熙，王国宪.民国琼山县志［M］.海口：海南出版社，2003.

［8］范晔.后汉书·马援传［M］.长沙：岳麓书社，1989.

［9］林语堂.苏东坡传［M］.长春：时代文艺出版社，1988.

［10］林冠群.新编东坡海外集［M］.香港：银河出版社，2006.

［11］蒙乐生.发现海口［M］.海口：南海出版公司，2007.

［12］张舜徽.二十五史［M］.长沙：岳麓书社，1989.

［13］周济夫.琼台小札［M］.北京：中国文联出版社，2003.

［14］王春煜，耿建华，邱达民.读一点海南［M］.北京：长

征出版社，2010.

[15] 海南百科全书编纂委员会.海南百科全书[M].北京：中国大百科全书出版社，1999.

[16] 张秀平，王乃庄.中国文化概览[M].北京：东方出版社，1988.

[17] 冯天瑜，何晓明，周积明.中华文化史[M].上海：上海人民出版社，2021.

[18] 林猷召.中国通史[M].海口：海南出版社，1991.

[19] 苑书义，孙华峰，李秉新.张之洞全集[M].石家庄：河北人民出版社，1998.

[20] 潘存.潘孺初集[M].海口：海南出版社，2004.

附：海口涉海问题研究的重要性与紧迫性

　　"十三五"是全面建成小康社会的决胜阶段，也是推进海洋强国建设的关键时期。党中央把握历史大势、着眼世界大局、面向中国与东盟合作长远发展提出了重要战略构想，海南省政府对接与服务国家战略，提出了找准在建设"21世纪海上丝绸之路"中的坐标定位，进一步增强海南经济的开放度。作为"海上丝绸之路"节点城市，要更好地发挥对外开放合作前沿窗口和重要门户的积极作用，必须对滨城海口与"海上丝绸之路"的文化因缘有深度认知。

　　为此，本文分别从"'海上丝绸之路'与滨城海口的历史因缘""'海上丝绸之路'重要节点形成，确立了滨城海口的历史地位""'海上丝绸之路'重要节点形成，拓宽了滨城海口的对外交往""'海上丝绸之路'重要节点形成，推动了滨城海口的对外开放""'海上丝绸之路'重要节点形成，促进了滨海城市的港口建设""'海上丝绸之路'重要节点形成，擦亮了历史

名城的文化品牌""'海上丝绸之路'重要节点形成，促进了海口城市的文化发展"和"发掘'海上丝绸之路'文化遗产，拓展了海洋经济的新兴产业"等8个方面回顾海口"海上丝绸之路"历史、对外交往、对外开放、港口建设、城市品牌和文化发展等方面的文化因缘，追述远年记忆，讲述海口海洋文化与骑楼老街的历史故事，为"21世纪海上丝绸之路"战略节点城市建设提供理性参考和建设性建议。

"海上丝绸之路"与滨城海口的历史因缘

《中华人民共和国国民经济和社会发展第十三个五年规划纲要》提出："深化涉海问题历史和法理研究"，"积极推进'21世纪海上丝绸之路'战略支点建设"。作为南海重镇、首善之城，滨城海口的重要地位愈来愈为世人所了解、所熟知、所认识。

然而，设立于北宋开宝五年（972年）的琼州府城的外埠海口港——当年"海上丝绸之路"通往世界各国的南海通道上的重要节点，它在我国东南沿海到东南亚远洋航船的中转、补给、避风等方面所起的不可替代的历史作用却一直鲜为人知。或者完全可以这么说，海口港由于历史的、现实的种种而被漠视、被忽略、被遗忘。

滨海城市发展史上举足轻重的中转站，这处联结我国东南沿海和东南亚各国黄金航道的交通枢纽，它的形成与发展对城市建设、社会进步、文化发展等所产生的历史影响，对深化涉海问题历史研究，对推进"21世纪海上丝绸之路"战略支点建设的意义重大。

"海上丝绸之路"是我国对外开放、对外贸易、对外交往的极为重要的商贸通道、历史航道和文化渠道。那条黄金航道以东南沿海的泉州、宁波、广州等港口城市为起点，航行东南沿海，进入琼州海峡，经停海口港避风、补给、中转，然后抵达东南亚、南亚诸国，随后进入印度洋、波斯湾，直到非洲的东海岸，架设起海上商业贸易、文化交往的友谊桥梁，发挥了深远重大的作用。

对于滨城海口来说，作为"海上丝绸之路"通往世界各国的南海通道上的重要节点，这个避风、补给、中转港口的形成与发展，不仅促进东南沿海地区的经济贸易，同时也促进海口对外交往和城市发展。这是一条双赢之路，两者相互依存，相互促进，相得益彰。

20世纪90年代初期，沿海地区的福建、广东、广西、浙江、山东、南京、香港等省市和地区对"海上丝绸之路"的研究投入了大量的人力、财力和物力，他们成立了专门研究机构，组织专家学者，搜集历史资料，探访相关遗址，开展专题研究。

进入21世纪，"海上丝绸之路"的研究进入高潮，泉州、宁波、广州、合浦、南京（下关区）、蓬莱与香港等地竞相为"海上丝绸之路"始发站的历史地位展开文化角逐，沿海城市对始发站的关注超乎寻常，泉州、广州等城市还为此向联合国教科文组织递交申请世界文化遗产保护的专题报告，"海上丝绸之路"的研究热潮引起世界各地学者的密切关注。

2006年6月，广州市政府邀请国内外专家、学者召开"海上丝绸之路"广州发祥地研讨会及"哥德堡号"帆船重访广州

研究，该项活动轰动一时，影响深远。香港则积极联系福建、广东及南亚、东南亚国家，就"海上丝绸之路"申报世界文化遗产进行磋商，在国内外文化界引起巨大关注。沿海城市对"海上丝绸之路"的专题研究，各自引经据典，不遗余力地证明本市商贸活动、航运文化历史悠久，同时也是证明我国与世界各国交往源远流长。

显而易见，"海上丝绸之路"专项课题研究产生的文化影响是巨大的。

2009年4月，国家文物局在江苏无锡主办"中国文化遗产保护无锡论坛"，来自国内外文化遗产保护界的150多位领导和专家学者共同就丝绸之路、大运河和茶马古道3条文化线路这一国际新型文化遗产的科学保护开展研讨。会议做出决定：福建、广东、浙江、江苏、山东的泉州、广州、宁波、扬州、蓬莱5个城市纳入"海上丝绸之路"申遗计划。

遗憾的是中国文化遗产保护无锡论坛并没有邀请海口市代表参加。兄弟城市仅立足于本城始发站研究，忽略了特定历史时期"海上丝绸之路"整条黄金航线的研究，忽略了滨城海口这一重要节点对联结国内外航线和中转东南亚各国的重要作用，这是论坛的文化遗憾。

客观地说，特定历史时期、特定地理区位和特定经贸环境，使滨城海口成为南海航运的重要枢纽，成了"海上丝绸之路"的重要节点。就以广州来说，唐代"广州通海夷道"往返均经过海口港。唐代高僧鉴真第六次东渡日本，遭遇台风袭击漂流到海南振州（今三亚市）。返回时鉴真取道崖州（今海口市），在海口做了短暂停留并讲解佛经。然后，鉴真从澄迈通潮阁下船，返回扬州。

宋代，南海航运勃兴，商贸空前发展，海口神应港成了南海航运的必经口岸。对此，海南名贤丘濬曾作过"帆樯之聚，森如立竹"的描述。

从北宋熙宁元年（1068年）到熙宁十年（1077年），琼州港口的商税增长近4倍。不得不说，这是"海上丝绸之路"中转站形成，使琼州港口对外贸易空前发展的结果。

2009年5月，西沙水下宋代沉船抢救性发掘和考古出水近万件文物以及大量历史资料，这些雄辩地证明，滨城海口在避风、补给、中转方面不可替代的重要的历史地位。

清康熙二十四年（1685年），设立粤海关，并在海口关部设置常关总局，办理关税与出入境等相关手续，各地商人纷纷汇集海口。一时间，海口的商家商号盛况空前。清乾隆二十年（1755年）重建的兴潮天后宫和乾隆四十三年（1778年）重建的漳泉天后宫的碑文记载，仅这两家会馆，当年拥有的商号就有395家之多，商业规模可谓不小。

清末民初，往来于滨城海口转口中国香港、新加坡、暹罗、越南海防、中国广州、中国汕头、越南会安等地的航船几乎囊括了当年经海口到中国香港、新加坡之间的航运货物，琼海关成了我国九大海关口岸之一。如今，建于元代的天后宫和清初兴建的兴潮会馆、漳泉会馆所刻立的石碑仍保留完好，那不仅是历史文化名城海口非常珍贵的历史文化遗存，而且也是东南沿海城市对外开放、对外贸易、对外交往的极其重要的历史见证。

会馆石碑保存的航运文化、港口文化、商贸文化、税收文化、会馆文化等珍贵历史资料是涉海问题历史研究的重要依据，

是推进"21世纪海上丝绸之路"战略支点建设和海南国际旅游岛海口旅游基地建设极其珍稀的海洋人文资源。

"海上丝绸之路"重要节点形成，确立了滨城海口的历史地位

历史事实是，滨城海口是联结"海上丝绸之路"航船不可替代的重要节点。

当年，"海上丝绸之路"的远洋航船是利用地文导航进行远洋航海的。那时，人们不约而同地选择海口港作为避风、补给、中转的停泊口岸。宋代，广州设立市舶司，并在琼州设立市舶司分管处；元朝，在琼州府城专门设立海北海南博易提举司，作为管理海南岛等地的海外贸易机构。元世祖至元三十年（1293年）九月，海北海南博易提举司实地征税，仍然是按照宋代市舶司的历史惯例，所有进港货物，一律按"三十取一"比率征收。

元至大四年（1311年）重提海禁，禁止番舶入港。元延祐元年（1314年），放松海禁，改立广东、泉州、庆元三处市舶司。"每司设提举二员长之，秩从五品。下设同提举、副提举、知事等官员"，海口属海北海南道，白沙街开始形成，贸易持续发展。

天然的海上通道、便利的远洋贸易，使"海上丝绸之路"成了一条开放之路、强国之路，成了一条友谊之路、和平之路，成了一条被国际社会认同的繁荣之路、未来之路。独特的地理

位置、优越的港口区位，使滨城海口成了南海重镇，成了"海上丝绸之路"重镇。

这是老天爷对海口的特别厚爱，也是对海口骑楼老街的特别青睐。但是，世界上很多国家和地区甚至我国东南沿海城市对海口不甚了解，诸多研究专家、历史学者可能淡忘或否认特定时期海口在对外开放、对外贸易、对外交往、文化交流方面的历史贡献。

显而易见，海口港湾是"海上丝绸之路"的历史港湾、文化港湾、经济港湾。史载，"海上丝绸之路"的航船由泉州或广州启航，经海道到海南岛，再到当时东南亚一带的环王国、门毒国、古笪国、龙牙门、罗越国、室利佛逝、诃陵国、固罗国、哥谷罗国、胜邓国、婆露国、狮子国、南天竺、婆罗门国、新度河、提罗卢和国、乌拉国、大食国、末罗国和三兰国。

也就是说，"海上丝绸之路"的远洋航船以东南沿海的泉州、宁波、广州、南京等城市港口为起点，由于当年航海条件的历史限制，航船从东南沿海经琼州海峡，抵达海口港中转、补给、避风，然后驶向东南亚、南亚诸国，进入印度洋、波斯湾，直到非洲东海岸。

滨城海口重要节点的形成与发展，不仅对东南沿海城市对外经济贸易起了积极的推动作用，而且也促进了海口对外交往和城市发展。这条持续时间最长、货物周转最多、文化影响最大的黄金航道，是东南沿海地区对外开放、对外贸易、对外交往的生命线。

这条南海历史航道的重要性不言而喻，那是东海航道、北方航道两条"海上丝绸之路"的航线无法比拟的。福建泉州、

浙江宁波、广东广州、广西合浦、江苏南京（下关区）和香港等地对自己城市作为始发站的历史研究，聘请了资深专家、著名学者进行课题立项，专项考察专题论证，出版专刊，媒体放大，设立"海上丝绸之路"博物馆、研究所，动用了大量人力、财力和物力。然而，尽管这些城市的专家学者旁征博引，要言不烦，却也不免陷入挂一漏万、以偏概全的文化尴尬。因为在航海技术落后的年代，始发站的航船驶进茫茫大海之后，不可能一下子到达目的地，而航船驶经哪条航线，在哪中转、避风、补给，专家学者没有给出答案，致使各自的研究成果显得苍白无力。而海口现存的历史文献和石碑、牌匾等珍贵的文化遗存以其饱经沧桑的历史向世人宣告：滨城海口中转站作为"海上丝绸之路"黄金航道的交通枢纽，具有非凡的历史意义和重要的研究价值。

即使撇开这些细节，就以兄弟城市研究史料作为依据，也足以证明海口作为中转站的客观存在以及不可代替的历史地位。2001 年 3 月，广东省政府参事室、文史馆、珠江文化研究会再度组织专家、学者到徐闻县原五里乡考察、调研，并召开了"徐闻——'海上丝绸之路'最早始发港专家论证会"。这次会议以"进一步确认汉徐闻港在今徐闻县原五里乡的二桥、南湾、仕尾的半岛形岬角一带，是'海上丝绸之路'最早的始发港之一，而附近的二桥、南湾、仕尾也应是汉徐闻县治所在"为依据。但早到什么程度、什么时候，如何证明？

两汉时期，人口规模很小，生产力非常低下，能形成一条海上商贸航线，其可能性非常小。其时，海南刚纳入中华版图，两伏波将军的战船从徐闻逡巡琼州海峡，停泊海口，轻而易举。

但是，除了上贡广幅布和南珠等天材地宝之外，当时的海南别无其他珍稀宝物。

当时，海口隶属交州（辖今中国广东、广西、海南和越南北部、中部），如果始发徐闻，必定经停海口，这是不争的历史事实。但是，当年岭南人口规模极小，所需运输货物很少。史书记载：经过汉初休养生息，至汉武帝元光元年（前134年）全国人口约有3600万。汉昭帝、汉宣帝相继息兵养民，到宣帝末年（前49年）人口有5000万左右。元始二年（2年），西汉在籍人口59594978人，为两汉之最。专家学者考虑到未纳入统计的隐藏户及外族，因此认为西汉末人口有6300万。

即便西汉末年人口有6300万，那么岭南人口仅占全国的1.6%，大约也就100万。这点人口规模所创造的价值能撑得起一条航线吗？即便是始发站，那也是徒有其名。到了南朝梁大同年间，冼夫人请命于朝，复立崖州，战船往返琼州海峡之间，与徐闻经济交流日渐密切。尔后，隋唐两代，贬官经广东或广西到达海口的人数渐多。

比如，唐朝宰相杨炎被贬崖州，半道赐死，留下《流崖州至鬼门关作》一诗。当时，海运不发达，风波之险，令人视海南岛为"鬼门关"，征途到处魑魅魍魉。到北宋时期，海洋风浪之令人恐怖，连豁达如苏东坡仍然惊惧莫名。大量官员被贬海南，说明当局对环北部湾的海上航运非常了解，即从徐闻或潮州到海南岛，那是当时朝廷认定的海上航线。

广州课题组研究表明，宋代广州依然是全国的最大港口。为征收舶税和管理海外贸易仍在广州设立市舶司，且当时市舶司的职能更加详备和完善。历史事实证明，南宋乾道年间，广

州市舶司曾专门奏请在琼州设立市舶机构，负责检查往返南洋的船舶，防止商船偷漏税。对当时的泉州、广州两大贸易中心港而言，海南岛四周港口特别是神应港，是极为重要的补给、避风、中转的口岸，是"海上丝绸之路"的重要门户。如果不是这样，广州市舶司专门奏请上司批准在琼州设立市舶机构岂不多此一举？

《宋史·职官志》载："提举市舶司，掌蕃货、海舶、征榷、贸易之事，以来远人，通远物。"滨城海口作为中转站，目的就是充当远人、远物短暂停留的港口。难怪当年宋高宗这样说："市舶之利最厚，若措置合宜，所得动以百万计，岂不胜取之于民？朕所以留意于此，庶几可以少宽民力尔。"（《宋会要辑稿》）这一番话，使中转站的历史地位得到承认。

南宋王朝为了增加舶税收入，鼓励、招引舶舟来华，并为此专门设置巡海水师营垒，派遣水师巡察附近海域，在东起香港附近，西至海南岛的南海广大区域加强海域巡逻，其终极目的就是保证到海口港来补给、避风、中转的货船航行安全，保证税收持续增长。

南宋进士周去非的《岭外代答》对南海西南、印度洋航线及诸国有过较详细记述：当时南海番舶来广州贸易，途经海南岛必须停泊。南宋官员楼钥《玫瑰集·送万耕道帅琼管》云："黎山千仞摩苍穹，颡颡独在大海中。自从汉武置两郡，黎人始与南州通……晓行不计几多里，彼岸往往夕阳春。流求大食更天表，舶交海上俱朝宗。势须至此少休息，乘风经集番禺东。不然舶政不可为，两地虽远休戚同……"所谓"琼管"，即琼管安抚司，亦称海南安抚司，是宋代海南最高军政机构。这首诗认为航行海口"势须至此少休息",然后才返回番禺东（广州）的历史事实。楼钥断言"不然舶政不可为",这是因为"两地虽远休戚同"。楼钥的诗充分说明从琉球经番禺到海南,远航与停泊休戚相关。

1842年鸦片战争之后,"海上丝绸之路"已走到历史尽头,远洋航行的风帆已逐渐被新兴的火轮所取代,以东南沿海为通道的商贸开始以新的形式航行,情况有所变化。

然而,因为当时航船吨位较小,抵御风浪的能力较弱,海上有效补给难以持久,所以海口作为补给、避风、中转的交通枢纽地位并没有多大改变。据海关披露,光绪二十三年（1897年）,往来海口港的外轮多达428艘,几乎囊括了当年中国香港、新加坡等地的航运。当年,骑楼老街已初步形成,所有航船大都停靠在海口港。所有这些都在说明一个历史事实:滨城海口是"海上丝绸之路"从我国东南沿海到东南亚各国的重要节点,是海南岛的商贸枢纽。

元代两处天后宫和清初会馆的石碑仍在,那不仅是海口历史文化名城的文化遗产,而且也是海口以及东南沿海城市对外开放、对外贸易、对外交往的历史见证。因此,对海上交通枢纽进行深入研究,打响"海上丝绸之路"重要枢纽文化品牌,使外界了解港口城市在漫长历史时期作为"海上丝绸之路"节点的重要作用,确认对外交往的航运历史,有利于确立滨城海口作为自贸港核心区的历史地位,有利于推动滨海城市商贸发展,有利于城市知名度的提高。

"海上丝绸之路"重要节点形成，拓宽了滨城海口的对外交往

　　海南是华侨之乡，全省有300多万华人华侨散布在全球各地。就像一句俗话说的："有海水的地方就有海南人。"这么多华人华侨，他们的祖辈多是从东南沿海通过"海上丝绸之路"来到海南，几代经年之后，他们的后裔又从海口渡海出洋，侨居世界各地。

　　在漫长的历史时期，滨海城市敞开大海般的胸怀，和善包容，接纳来自各地的人，使他们融入当地社区，繁衍后代，成了岛民，并在商贸活动中逐渐向外拓展。海洋锻炼了海南人果敢刚毅、坚忍不拔的高贵品格，使他们驾舟踏浪，如履平地。

　　迁琼始祖各姓族谱记载，海南迁琼百姓大多经福建莆田、漳州、泉州等地辗转迁徙，跨海而来。早在元代，这些人已在迁居地兴建天后宫，那是始于湄州而迁居琼州的天后行宫。所谓天后行宫就是天后的分身伴随闽南乡亲来到海南后，闽南乡亲安置天后分灵的庙宇。

　　天后是闽南人敬奉的海上女神。迁琼之初，亲携亲，邻帮邻，同姓或乡邻间，因远途迁徙人地生疏而结成或大或小的联谊组织或利益的共同体。这种联谊组织或利益的共同体需要一种载体，那就是天后宫，天后也是通过"海上丝绸之路"而来的。

　　这是一种精神信仰，也是一种文化认同。后来，聚居海口的人逐渐增加，由于信仰相同、习俗相近、文化相似而相互融合。随着事业有成、财富增多，众商集腋成裘，共同捐资，兴建较大规模的天后宫作为会馆，天后成了岛民共同尊崇的海上

女神。

天后宫，又叫天妃庙。清乾隆二十年（1755年），兴化、潮州商人在白沙门上村建兴潮会馆天后宫。那是清初设立的建筑规模较大的会馆，但并非最早的会馆。《正德琼台志》记载："天妃庙，在海口，元建。"建天妃庙的目的是祭祀海神，保佑安全渡海。

苏东坡被贬海南，渡海之初曾说：海南四州之地，以徐闻为咽喉，珠崖既不可弃，则济者不能舍此。然古人唯信海神，至宋初海神是两伏波将军，后来，又祭祀通四海而神灵的天妃。宋代董弅奉天子之命渡海，往返之间，均设香案祭祀天妃，可见天妃的影响之大。

宋人的祭文很有意思，谦恭恳切，令人感叹。作为物质文化遗存，《兴潮天后宫碑记》留下的建庙历史更有意思。由于没有找到更早的历史资料，只能以此为例。继而，漳州、泉州商人也于乾隆四十三年（1778年）在近旁兴建漳泉会馆天后宫，规模比之前更大。

文献记载，潮行早先设兴潮会馆于白沙门上村，后来迁至解放西路，并易名为"潮州会馆"；虽然历百余年风风雨雨，至今仍然保存完好。所谓潮行，就是福建兴化、广东潮州等地商人开设的商号，兴潮会馆是他们洽谈商务、敦睦乡谊的行业馆所。

《兴潮天后宫碑记》说："福之兴化、广之潮州，其来琼也历重洋之千里、涉烟波之万顷而装载匪轻……又值经商之所入庙思敬，栋宇之不轮奂，我众责也。于是各虔心解囊，其庙貌而更新之……"落款是"大清乾隆二十年岁次乙亥季夏吉旦兴潮众商同勒石"。

碑文说得非常清楚，因"栋宇之不轮奂"，故使"其庙貌而更新之"。那么，原来的庙宇和会馆到底建于何年，目前没有办法知道，但知维修至今（2022年），已历时267年，这段历史也是"海上丝绸之路"中兴化、潮州乡亲的闯海历史，是远海贸易伙伴团结合作的历史。

从漳泉会馆天后宫旧址来看，其规模、格局要比兴潮会馆天后宫大得多、美得多。其间，最引人瞩目的是那肃立庙旁的四方大石碑，那是笔者在海南沿海地区调研时所见到的古石碑中碑身最高、碑面最大、碑体最厚的4块古石碑。4块石碑宽度约有1米，从基座平面算起至少有2.3米高。4块石碑两两相对，并排耸立，气势雄伟，恢宏壮观。

那些石碑用的是鱼鳞状白色花岗岩，海南本土罕见。肯定地说，这些石碑是从福建莆田通过"海上丝绸之路"跨海而来。从这也可以看出漳泉会馆天后宫建造者的决心和毅力。那4块石碑客观、如实地记录了当年会馆活动和祭祀天后的历史。

尽管已过去2个多世纪，而且碑文也已漫漶模糊，但是，它顶部所题"众商抽分牌""众商抽分铭""众商捐题碑"和"重修天后宫碑"几个大字依然隐约可辨。

滨城海口"海上丝绸之路"重要节点及其遗留石碑，这些历史文物是联结海外乡亲情谊的文化纽带，应该引起职能部门的足够重视。此外，还有那些历史庙宇的远年建筑，以及庙中存留的远年文化遗存，譬如精雕石船、精美壁画、帆船桅杆、远年船桨，均应得到保护。

从2006年开始，笔者广泛搜集"海上丝绸之路"中转站的历史资料，探访中转站残留的文化遗迹，得到不少珍贵史实。

《明实录·卷二百十七》记载：明成化十七年（1481年），遣礼部给事中林荣赴满剌加（今马六甲）充任正使。海南名贤丘濬《琼台会稿·送林黄门使满剌加国序》详细记载："上命礼部给事中林荣仲仁为正使……谓予乡先达，不可以不言。"这是正史记载郑和航海之后，诗文笔记所记录的海南人最早的前往马来半岛的珍贵航海历史资料。还有，明末琼州大地震（1605年）之后，琼山县演海乡村民饶志聪造大船闯大海，并从越南运回海外货物。据史料记载，从康熙三十三年（1694年）冬开始，2艘200担的帆船队，从琼山县演海乡开往泰国。到1735年，船队已发展到73艘，常年航行于东南亚各国之间。这便是琼山县最早的帆船队列，这些船常常停泊在海口港。

《琼州府志·卷四十二》记载："康熙五十六年（1717年），严禁洋商船。不许私造船往南洋贸易，有偷往潜留外国之人，督抚大使通知外国，令解回正法。再奉旨五十六年以前出洋之人准其载回原籍。"由此可以得知，早在康熙五十六年之前，除了琼山县演海乡民私自闯海远洋航行之外，东南沿海地区和海南岛沿海居民"奉旨五十六年以前出洋之人准其载回原籍"者为数不少，这种情况已引起当局特别关注，并为此专门颁发皇朝禁令。

也就是说，早在几百年前已有为数不少的海南人通过"海上丝绸之路"走出国门，走向彼岸世界。除了相关史料记载之外，最有说服力的实物证据，要算现存的天后宫。

海口天后宫最早建于元代，那是从福建的泉州、漳州经"海上丝绸之路"而来的商家设立的天后分身庙宇。其实，传说中天后幻化成神是在宋雍熙四年（987年），尔后逐渐英灵显赫，

300多年间，正是"海上丝绸之路"勃兴之时，故兴建天后宫大行其道。

2008—2009年，笔者两度赴新加坡和马来西亚，深入当地社团，通过琼州会馆和天后宫设立了解华人华侨移居当地的发展历史。2009年10月，新加坡海南会馆举行成立155周年庆典活动。从庆典会刊得知，琼州会馆与天后宫同时成立，那是东南亚地区成立较早的会馆。马来西亚槟城设立的琼州会馆和天后宫比新加坡晚26年，吉隆坡雪隆会馆和天后宫则更晚些，但不管是早些还是晚些，那都是100多年前海南人闯海的历史见证。

追根溯源，琼州会馆和天后宫的设立以事实说明，在此之前已有琼州人通过"海上丝绸之路"迁居新加坡、马来西亚等地，并逐渐发展成区域性社会团体。他们设立天后宫供奉的天后分身，就是从海口天后宫携带出去的。据调查，马来西亚有68间琼州会馆，其中46间供奉天后娘娘、42间供奉本土神灵水尾娘娘，足见天后影响之大。

当地不少侨民对怒海行舟、惊涛骇浪的场景仍然记忆犹新。他们大多是第二代或第三代侨民，那些记忆是父辈传承下来的家族苦难历史。他们父辈当年从海口港乘风帆渡海，随身所带的只有一顶竹笠、一个大冬瓜。这些细节是上代航海人的惨痛记忆，那是上百年以前的海口记忆，这足以说明海口港就是他们先辈渡海的离岸之地。

从以上史实可以得知，"海上丝绸之路"节点海口港的形成，拓宽了海口与我国东南沿海和东南亚各国的交往渠道，促进滨城海口与世界各地华人华侨的联谊。100多年来，吸引大批华人华侨寻根问祖和投资内地。今天，在全面推进"一带一路"

发展倡议的新时期，"海上丝绸之路"重要节点的确立和由此所产生的文化影响，更有利于密切滨城海口与海外海南乡团的联谊和交流，更有利于促进港口城市海口与我国东南沿海及东南亚各国的联谊和交流。

由此可见，涉海历史问题研究，不仅是市海洋与渔业局承担的小课题，而且是城市经济社会文化发展的大课题，是海南海洋航运、海岛防御和对外开放、对外贸易、对外交往、文化交流必须深入了解的大课题，是建设海洋强省不容忽视的重大课题。

"海上丝绸之路"重要节点形成，推动了滨城海口的对外开放

从一个小渔港发展成滨海城市，"海上丝绸之路"重要节点的形成是一个重要因素。远在宋代，"海上丝绸之路"补给、避风、中转的港口成了商贸港口，当时称为海口浦，海口因此而得名。客观地说，当时人口规模还小，商品贸易量不大，特产不过是槟榔与沉香而已。

到了元代，以白沙门为中心的早期商业街开始形成。明洪武年间海口所城兴建，很多商人逐渐在城内和周边设铺开店。至清朝道光中叶，历400余载，海口逐渐发展成为海南重镇，成了我国东南沿海对外开放程度较高的重要商埠。

从徐闻、海安扬帆，航行海口，顺风扯帆，半日可济。正是这种便利的航海条件，使海口成了"海上丝绸之路"不可替

附：海口涉海问题研究的重要性与紧迫性

代的港口。《正德琼台志》记载：海口"东北接广东、闽、浙；近至钦、廉、高、化；四日到广州，九日达福建，十五日至浙江"。从海口港到岛内各地，"郡东水路，半日至文昌铺前港，半日至清澜港，一日至会同调懒港（会同县设于唐高宗显庆五年［660年］，调懒港是会同的外港，即今潭门港）；半日至乐会博敖港，半日至万州莲塘港……郡西水路，半日至澄迈东水港，半日至临高博浦港，一日至儋州洋浦港"。

这是以琼山府城的外港海口港为基准的海运四至距离，是以"日"即一天的航船行程计算的。由于海运非常便利，更由于"海上丝绸之路"重要节点的形成，海口港成了货物进出门户，这一区位优势客观上为扩大对外开放创造了海上运输的先决条件。

滨城海口的商贸业迅速发展，从宋代市舶抽分的记载中便可略见一斑。朝廷专门设立市舶分司加强管理，便于抽分征税，由此可见海口的繁荣。

所谓"抽分"，就是"商品贸易，实物抽税"。据《正德琼台志》，"宋置万安、琼崖各一务"，熙宁十年（1077年）之前，岁额之务皆在5000贯以下，熙宁十年为19597贯（1000枚铜钱为1贯），增长近4倍。所增长的税收，就是依靠抽分得来。

历史告诉后人，"宋置万安、琼崖各一务"的"务"，就是市舶抽分管理机构；税额增长近4倍，说明海口港往来船舶也增长近4倍。

明洪武年间，朝廷严令锁海；清初顺治、康熙年间曾3次严明海禁，闭关自守政策对海洋商业贸易发展造成很大影响。康熙二十三年（1684年）放开海禁；1685年置粤海关，清廷于得胜沙路设置关部，商人纷纷汇集，商贸业空前繁荣。

民国《海南岛史》记载：清康熙二十六年（1687年），浙江船主朱仲扬从海南装载沉香土产等货物，于七月十八日到日本；康熙二十七年（1688年）正月，厦门船主黄平官于五月二十二日由海南运货去日本……这仅是关于海南沉香远销日本的历史记载。

还有，另一船主于康熙二十七年五月二十五日由海南出发，六月十一日抵台湾，于七月三日到日本……清康熙三十三年（1694年）十二月，有一船主从宁波到海南，卖货完后，于次年六月十八日由海南出发，于六月二十九日抵普陀山，载蚕丝和布匹，又于七月十日去日本。又另有一船，于三十六年（1697年）四月九日，由海南出发，在五月三日抵福州猴屿，载蚕丝和布匹，又于二十日出发去日本……这是海口关于蚕丝和布匹远洋贸易的历史记载。

康熙三十九年（1700年）五月十八日，一船由海南出发，十月抵日本，因时间太晚货难卖出便回宁波。次年正月再去日本……四十六年（1707年），一船由上海来海南，积载货物，五月二十八日由海南出发，六月十五日到上海招集货客，于七月一日去日本……

这些不完全的史料记载，从一个侧面反映了清代通过"海上丝绸之路"中转站海口港的对日贸易已经相当活跃。至于海口港与南洋各国的贸易活动情况，据希尔特氏1826年出版的《亚细亚杂志》关于《海南岛》一文记载：19世纪初，海南开赴暹罗的民船每年不下于40只；开赴交趾支那南部的，至少有25只；至于开赴东京（越南北部）和交趾北部的，通常有50只。

零碎史料记录下海口航船往来的航海历史，记录下海口港的远洋航海历史。

《琼海关十年报告》和《粤海关志》记载：1897—1927年的31年间，海口港行驶的是法、英、德、日、挪威、丹麦等国货轮。这些货轮垄断海南与中国香港、新加坡、暹罗、越南海防、中国广州、中国汕头、越南会安等地的海洋货运，多数货物通过海口港转口进入内陆。这是海南贸易的史料，这么多的民船和外轮频繁地往返，由此可见当年港口商贸的繁荣兴旺。

海口市与澄迈县的交界处有个小渔港，港边上有个小渔村拔南，当年常有十几只货船到越南等地进行海上贸易。这是民间记忆，并不包括《粤海关志》记载的内容。

随着海口港海运贸易的空前发展，各地的商会也应运而生，纷纷兴建。

清康熙年间，琼山、定安、澄迈等本地商人已设立了敖峰会馆；雍正年间，南海、番禺、顺德、东莞、新会等外地商人设立了五邑会馆；乾隆年间，海口新设立了潮州会馆、高州会馆、福建会馆和兴潮会馆、漳泉会馆；嘉庆年间（1796—1820年），文昌商人设立了文昌会馆……从会馆的设立、人员的构成和分布状况，可以侧面了解当年海口港对外贸易、对外交往的极度活跃。

商业迅速发展，商号日渐增多，海口所城变得拥挤不堪，商家开始向城外发展。《民国琼山县志》记载：海口所城北面、海门书院前兴建铺屋3间；天后庙前兴建铺屋10间，形成一条所城外街，即今天的中山路；海口所城西二里许西天大士庙也置铺3间……

市场逐渐扩大，商民迅速增加，服务设施也随之设立。于是，海门书院、赢海书院、乐古书院、东坡书院、城北义学相继落成，各种启蒙私塾遍布城区。此外，还有产婴堂、普济堂、育英堂等医疗机构相继兴建，城市功能逐渐配套，文化中心逐渐形成……

历经百年磨难，至20世纪20年代，海口商业发展到600家商店。抗日战争期间，海口遭到日本帝国主义的铁蹄蹂躏，大量商店倒闭，不少商家逃亡，民族商业遭受空前劫难，在艰难困厄中艰苦跋涉，在层层盘剥中不懈奋斗。至1950年海南解放后，海口商业才开始复苏。

改革开放以来，特别是海南建省办经济大特区以来，海口商埠在歌唱"春天的故事"的进行曲中迅猛发展，逐渐成为南中国海的重要商埠，成为环北部湾地区的商贸中心，成为华南地区的支点城市。在"让世界了解海口，让海口走向世界"的大改革、大开放、大开发的国际性大背景下，一个举世瞩目的滨海城市开始阔步迈向经济全球化大舞台。

抚今追昔，我们不能忘记"海上丝绸之路"中转站的地位促使海口先民开放心态形成，不能忘记它在对外开放、对外贸易、对外交往方面的历史贡献，不能忘记那远洋的风帆。

今天，这条黄金航道虽然已发生巨大变化，远洋巨轮已不需靠岸补给，但滨城海口依然是我国对外开放的最前沿。为此，我们绝不能低估"海上丝绸之路"重要节点文化遗存的现实意义，不能低估"海上丝绸之路"中转站地位促进海口对外开放、对外交往的历史价值。

"海上丝绸之路"重要节点形成，促进了滨海城市的港口建设

从宋代开埠到"海上丝绸之路"重要节点形成，港口持续发展，商贸繁荣；从明朝初年兴建海口所城至清道光年间，一个商贾络绎、烟火稠密的海口港口已形成。

第二次鸦片战争之中，海口被辟为通商口岸之一。国货与洋货、掠夺与抗争、屈辱与尊严旷日持久地进行争夺，滨城海口成了帝国主义输入本国货物、掠夺海南资源的重要口岸。

《民国琼山县志》记载：海口自设立海关以来，城市迅速发展，店铺建设逐日增加。至海口建市的1926年，全市店铺已增加到600间；到了19世纪30年代末，店铺增至1000多间，几乎翻了一番。那个时候，中山路、得胜沙路和新华北路一带是滨城海口最繁华的街区。特别是琼海关那间红瓦灰墙、藻饰别样的西洋风韵小楼在得胜沙落成，不知吸引了多少市民的眼光，成了当年海口城市的显著标志。

海风又吹拂了半个多世纪，得胜沙的楼房已在岁月流逝中渐渐老去，当年崭新的洋楼也已苔痕斑斑，颜色剥落。但是，那些糅合中西文化的骑楼建筑，基本上仍然保留原来的建筑风貌。那是文艺复兴时期巴洛克风格及洛可可风格建筑，那是西风东渐的形势下在海口城市发展史上留下的时代印记，客观地说是"海上丝绸之路"衍生的商业文明的历史产物。尽管当年装饰的廊柱、窗台、雕花早已蒙上厚厚灰尘，但是那细部装饰依然极力表现出旧日风采。可想而知，当年琼海关落成，它的神秘色彩与独特风格多么令人瞩目。

当年，那特意勾勒的白色浮雕，那背着丘比特爱神之箭的可爱小天使，不知引发多少围观者的惊讶和争议。显然，更多的人想从琼海关那扇半开半合的窗口窥探里面的生活奥秘，那是外面世界无法知道的生活秘密。但是，随着外国领事和国际轮船的进进出出，随着越来越多西装革履的绅士与金发碧眼的女郎纷纷街头亮相，人们也就习以为常。

可是，从另一个角度来观察、来衡量，独特的建筑风格使这座港口城市的建设速度加快了：城市的开放程度提高了，城市的包容度也提高了。这种城市建筑的独特性，使滨城海口别具一格，使之有异于其他历史文化名城的建筑色彩，引发人们更多的关注。

"海上丝绸之路"的补给、避风和中转，让港口贸易得到发展。宋代市舶司设立，使海南与内陆、海口与东南亚的贸易往来日渐频繁，开始制定港口贸易商业规则，促进城市发展。

元仿宋制，改市舶司为海北海南博易提举司，尔后，又改称复实司。虽然一再更改管理机构名字，但它监管进出船舶、进口货物及征收关税等的职能并没有改变。

明代，实行市舶与贡舶互市制度，规定"海外诸国入贡，许附载之物与中国贸易，国家设立市舶司提举官以领之"。到了清康熙二十三年（1684年），废除海禁；次年，又设立粤、闽、浙、江海关，城市逐步开放，但主权丧失，商贸业大权旁落。

第二次鸦片战争之中，清政府被迫签订中俄、中美、中英、中法《天津条约》，琼州被辟为对外通商口岸之一，首先向美、俄等各国开放。清光绪二年三月初七（1876年4月1日）琼海关设立，原来粤海关管辖的海口总口独立行使的海关主权被彻

底剥夺。

从那时候起至抗日战争结束，琼海关先后被英、德、挪威、美、丹麦等国40位殖民主义者轮流坐上"关长"的头把交椅。据《民国琼山县志》记载，此后，长达69年的漫长岁月，海南人民的血汗被盘踞在琼海关这幢洋楼中的所谓"关长"所攫取，殖民主义的巧取豪夺加剧了海南的贫穷凋敝。从这个意义讲，琼海关这座洋楼留下的不仅是一座城市的建筑标志，也是一个国家被奴役、被掠夺、被压迫的丧权辱国的历史。

研究这段历史就是研究一座城市、一个国家的历史；保护这一历史建筑就是保护一座城市、一个国家的文化遗产。除了琼海关外，还有建于20世纪30年代的"五层楼"和建于元代的天后宫、明代的西天庙，以及那独具特色的建于清末民初的南洋骑楼。

还有，包括海口福音医院、海口中法医院、海口福音教堂等历史建筑，那都是"海上丝绸之路"重要节点所衍生的城市遗产，是滨城海口艰难发展的涉海历史见证。如果这些城市遗产遭受破坏或者消失，将对海口历史文化和城市未来发展造成不可弥补的损失。

城市文化遗产的继承与创造是现代化城市建设与管理的一个严峻的课题，是海口成为历史文化名城的历史凭证，是海南国际旅游岛海口旅游基地建设的宝贵财富。

目前，国家已经立法保护文化遗产，此外，无妨借他山之石来攻本市之玉。我们暂且以加拿大温哥华实施的城市遗产管理规划来作一番比较和借鉴。

早在1987年，温哥华已把有40年以上历史、具有典型风格、有相当知名度、有较高构想水平和艺术价值的75个建筑物列入城市遗产，制定了城市遗产保护法，使那些历史性建筑受到法定保护。

加拿大温哥华的法律规定，这些历史建筑作为城市遗产的一部分，虽然它是私人财产，但同时也是社会公共财富，所以政府将社区规划与城市遗产保护结合起来，对破坏城市遗产资源的人进行处罚，对成功保护历史建筑的人给予物质奖励和精神嘉奖。

温哥华对历史性建筑的保护措施很值得我们学习借鉴。他们的主要做法，一是加固，采取加大承重和粘贴材料，将细部联结在一起，以抵御自然灾害对原建筑的损害；二是保存，千方百计地保留历史建筑的原貌；三是修复，修旧复旧，恢复原先的状态；四是重装，在原址上将原建筑重新装置，重现本来的面目；五是复制，用复制品代替原建筑的局部或整体；六是重建，即按照原来的模样，用原来的材料重新修建；七是搬迁，因城市建设需要，将原建筑搬迁到别处；八是局部保留，因为各种的特殊情况，在原址上保留局部建筑。

联合国教科文组织对此非常赞赏，认为一座现代化城市继承历史文脉的现代化措施是知识经济时代城市文明的积极措施，它所表现的是全体市民的科学态度和文化自觉。虽然，海口骑楼也在整体修缮，也发生了明显变化，但距离更好保护仍有较大的差距。

城市学家指出：未来城市竞争说到底是城市文化竞争。城市遗产保护是城市文化中最重要的内容，它不仅可以促进教育、文化、艺术发展，而且还可以由此产生实际而可观的经济效益。对于

附：海口涉海问题研究的重要性与紧迫性

滨城海口来说，除了保护骑楼建筑，还应该向温哥华学习什么呢？

研究涉海问题，梳理"海上丝绸之路"重要节点所衍生的历史文化遗产，对以琼海关为代表的得胜沙老街以及得胜沙路后面的富兴街、义兴街、中山路和新华北路周边的历史建筑群，以及那些独树一帜、具有独特情调的历史商业区和具有文化价值的历史建筑进行修复，特别重要的是进行文化修复，让历史遗产成为建设现代化国际性城市的极为宝贵的文化财富，让文化力转化为现实生产力，促进城市迅速发展，刻不容缓。

作为滨海城市，海口城市综合竞争力的重要依托之一，就是枢纽港口。

海口港、秀英港、马村港"三港合一"之后，港口经济对城市发展的影响越来越显得重要。认真研究"海上丝绸之路"重要节点形成的历史文化遗产，有利于增强滨城海口与东南沿海各个城市的相互了解、相互沟通，有利于促进城市之间的经济文化开展合作。

"海上丝绸之路"重要节点形成，擦亮了历史名城的文化品牌

"海上丝绸之路"重要枢纽是海口历史文化名城的宝贵遗产。对其深入研究，可以进一步了解滨城海口的航海史、移民史、宗教史以及与东南亚周边国家关系史、科技文化交流史等诸多内容，对挖掘城市历史文化、推进海口历史文化名城建设具有重大意义。

提起海口历史文化，不能不提阅历千年的北宋开宝五年（972年）设立的海南卫城池。在全国100多个历史文化名城之中，这个统辖200万平方千米蓝色国土的"海南第一城"是南国边陲的第一城，是"南海锁钥"，它是独特的、唯一的、不可替代的。

琼山正在实施"琼台复兴计划"，这是一个很有气魄、很有远见的重大项目，也是一个涉海问题历史实体的历史工程。笔者认为，我们所要复兴的应该是开宝五年北宋在中国南海设立的第一座海南卫城池，那是从宋代至今无可比拟的南海重镇。

说准确点，是复兴或复现"海南第一城"部分城墙及展示其南海防御要塞的特殊功能和当年使用的防卫器械；是有选择地复现琼州府、琼州都督府、海北海南道、雷琼道、宋代琼州市舶司、海北海南博易提举司等府衙、道衙、司衙的历史风貌和明代兵器展陈。

也就是说，我们要复兴或修复重现的是中国海南古城，是"海上丝绸之路"补给、避风、中转的南海古城及其物质文化和非物质文化遗存。因为，它见证南海历史沧桑，见证海南岛军事防御历史，"海上丝绸之路"历史，海岛政治、经济、文化及对外交往历史。

深入了解漫长历史时期海南卫城池承担的捍卫国家主权、维护海岛安定等崇高职责，了解它的历史价值和社会意义，也就弄清楚了要复兴或修复重现的是怎样的古城。如果不能达到修复与重现目的，所进行的"琼台复兴计划"可能事与愿违，或者事倍功半。

还有，在漫长的历史时期，身处"海南第一城"的历朝历

代的英贤豪杰，他们为了保卫海疆、驱除倭寇，为海岛进步和经济发展所做出的鲜为人知的卓绝贡献，都希望借助"海南第一城"的复兴或修复得到充分展现，这是海涵万族、口碑千秋的城市文化与精神财富。

这项伟大工程所与生俱来的重大战略意义，是包括骑楼老街的修复重现在内的基本建设工程。这是着眼于国家战略，着眼于圆梦中华，着眼于"一带一路"的核心思想；是着眼于海南崛起，着眼于海口文明的重大工程。这一伟大工程的稳妥实施与有效推进，是大思维、大视野、大开放、大境界、大手笔，是抓住新时期奋进新时代，是审时度势、开拓进取，是想国家之所想、做海南之所能做的重大项目，是了不起的发展。

早在1994年，琼山古城也就是原先的海南卫城池，已被国务院批准列入第三批国家历史文化名城。2007年，在琼山与海口合并之后，海口将琼山古城和海口骑楼联合申报，两处古迹被列入大海口历史文化名城遗址的保护范围。

当然，作为拱卫与防御的基本功能，明初海口所城的落成是海口骑楼兴建的历史基座。客观地说，那是"海上丝绸之路"重要枢纽形成之后城市发展史上的一个里程碑。而热带骑楼的大量兴建，付出的是海口所城被拆除的历史代价。同样，府城"七井八巷十三街"的形成以及街区的逐渐拓展，付出的也是海南卫城池被全面拆除的历史代价。这是海口城市发展史上为自身拓展不得不舍此求彼的、无法弥补的重大历史文化损失。

第二次鸦片战争之后，英、法两国凭借1858年《天津条约》关于把琼州增开为通商口岸的条款，率先入侵琼州，其时"琼州口"就设在海口骑楼。

接着，德国、丹麦、比利时、西班牙、意大利、奥匈帝国、美国等国纷纷进入海口并设立领事，其中英国、法国、德国还在海口骑楼现在的保护范围里建起领事馆。

此后，英国、法国、德国等国家打着所谓"合法"的招牌进行经济掠夺和文化侵略。《华工出国史料汇编》记载：从1876年到1898年，短短的23年间，通过客运从海口港口出洋的海南人达到24.47万人。其中，绝大多数人是外国洋行和贪官污吏互相勾结，被作为极其卑贱的"猪仔"，以"招工馆"的名义贩卖到南洋一带做苦力的贫苦人民。清代光绪年间，设在海口的"招工馆"有十几家，犯下罄竹难书的罪行。

这些所谓的"招工馆"，就是以海口骑楼作为据点，大做损害海南人民利益的卑鄙勾当和肮脏交易。也就是说，当年不知有多少海南人被当作"猪仔"贩卖到南洋群岛一带。这些受苦受难的乡亲在南洋群岛艰苦劳作，换来了南洋经济繁荣。这繁荣的标志之一，就是使当地崛起了一排排崭新的热带骑楼，而劳苦工人则梦想在家乡兴建骑楼。

也许，有梦想就有动力，有希望就有成功。经过了一代人、两代人甚至是三代人，海南华侨的先民用艰苦卓绝的精神，描绘了建造骑楼的理想蓝图。经过几代人含辛茹苦的不懈努力，他们用自己的汗血，终于在自己的家乡，在"海上丝绸之路"节点城市——滨城海口建起了与居住国建筑如出一辙的南洋骑楼。毋庸讳言，南洋骑楼的每一座楼、每一块砖、每一片瓦，都凝结着海外游子的汗水和泪水，凝结着他们的心血和兴家置业的梦想。

最早的骑楼建于1849年，地点在四牌楼街区。四牌楼又叫

城内街，它位于现在的博爱北街，在当年海口所城之内。那时候，城内只有东西、南北两条交叉土路。可想而知，当时新落成的南洋骑楼，那是海口最美的一道风景，是城市发展的推动力。

那是一种榜样，更是一种激励。一间间崭新的南洋骑楼先后建成，渐渐地形成一条又一条的新街道，并使原来的土路一再翻修，变成了条石铺设的石板路，又扩展成了水泥路，这一片逐渐发展成为滨城海口最早的繁华街道，成了海岛商业贸易的中心。

至1929年，独具特色的、以热带骑楼为标志的海口老街基本建成，博爱南路、博爱北路、新民东路、新民西路、中山路以及得胜沙路成了海口繁华的商业街区。完全可以这样说，滨城海口之所以在近代史上闻名遐迩，就是因为有这些热带骑楼。

当然，今日海口早已不仅仅是只有热带骑楼的滨海城市了。在形成商业中心之后，海关大楼建起了，海口钟楼建成了，医院、学校等相关的服务设施逐渐配套完善了。到了20世纪30年代，得胜沙路建起"五层楼"；到了60年代，大同路开始耸立起华侨大厦。

20世纪80年代，海南建省办经济大特区，省会城区迅速扩大，上百幢摩天大楼争高直指，矗立在祖国南疆的蓝天碧海之间，海口商业贸易大厦成了城市的地标建筑。这些高层建筑雄伟挺拔、富丽堂皇，但是同时也给人孤傲冷漠、卓尔不群的感觉。与热带骑楼相比，它们多了自我张扬，少了整体协调；多了商家气魄，少了人文气度。但是不管怎么说，老骑楼与新大厦相互对峙，相互映衬，相互补充，共同展现了现代海口的城市风采。

当年的"海南第一城"已拓展成为举世瞩目的一方热土，今日海口正朝着现代化国际性城市阔步迈进。而且，步子逐年加快，变化越来越大。然而，不管走得多快，海口骑楼老街永远是城市的始发点；不管变化多大，海口骑楼老街永远是城市的原视点。

热带骑楼形成其实是"海上丝绸之路"的拓展与延伸，推进了城市建设，使100多年后的南洋骑楼街区成了"中国历史文化名街"，成了历史文化名城的主要标志。"海上丝绸之路"重要节点形成，擦亮了历史名城的文化品牌，加快海口阔步向现代化国际性城市迈进的步伐。

"海上丝绸之路"重要节点形成，促进了海口城市的文化发展

滨城海口的文化基石是海洋文化，是"海上丝绸之路"重要节点形成所衍生的以海洋航运、商贸发展为主的蓝色文化与历史文化，是与城市建设密切相关的南洋文化与区域文化。

城市"双创"气势磅礴，槌落鼓响，人心激荡。这场活动在迅速展现"阳光之都，首善之城"的城市特性和历史蕴含之外，也在不断凸显滨城海口"海涵万族，润物无声，口碑千秋，上善若水"的精神内核，彰显无与伦比的南海重镇的文化之美。

滨城海口是移民城市，迁琼始祖的文化自信和文化包容奠

定了滨海城市的文化特质，这是滨城海口最宝贵的精气神。明太祖朱元璋用"南溟之浩瀚，中有奇甸，方数千里"来形容琼州，促进海南的空前发展，特别是文化教育的快速发展，让海南赢得了"滨海邹鲁"的美誉。

海口人注重耕读传家，重视文化教育，早期的启蒙教育大多是在宗族祠堂里进行的。所以，探寻滨海城市的教育文化，离不开对祠堂的关注。清乾隆年间，海外华侨就开始在海府地区兴建各姓氏祠堂并兼做学堂以及宗族集会的场所。

据不完全统计，当年府城街区的文庄路就有冯氏、冼氏、蔡氏、周氏、黄氏、何氏等各姓的大宗祠，建国路就有陈氏、高氏等大宗祠，鼓楼街有邢氏宗祠，中山路有潘氏宗祠，柴行路有林氏宗祠……这弹丸之地竟然汇集了30多个宗族姓氏的大宗祠。

民国以后，骑楼老街逐渐发展并取代府城成为海南政治、经济、文化中心。于是一些财力雄厚的商家迁移宗祠至此。如新华南路的吴氏祠堂，义兴街的云氏宗祠，西门口的潘氏宗祠，东门街的符氏宗祠、周氏宗祠，解放西路的邱氏宗祠和得胜沙路的林氏宗祠。

宗祠是海内外宗亲敬祀先祖的精神家园，也是宗族父老、侨领贤达、商业巨子的聚会场所，是当时信息的集散中心。这么多宗族祠堂汇集，除了爱国敬祖、敦宗睦族、凝聚侨心外，还作为旅馆、茶坊、娱乐和商贸基地，成了城市文化不可或缺的重要组成部分。

比如，清末同盟会的会员冯济民、冯熙周等在广州组织的新民社迁到海南，就在府城的冯氏祠堂里设立联络场所，建立琼崖分社，秘密发展成员多达百人，有力地支持了孙中山领导的民主革命。又如，海口义兴路的云氏会馆，曾经是中共广东南区特委地下活动的秘密聚会地点。此外，海口骑楼老街的吴氏、潘氏、符氏、林氏等大宗祠，都曾作为本姓商业会馆或者旅业场所，对本氏家族开展商业贸易活动发挥了较大的作用。更遑论祠堂作为学堂的文化功能，对发展教育事业做出了特殊贡献。

除了祠堂，还有学校。完全可以这么说，清末民初，废除科举，兴办新学，广大华侨对兴学育才做出了不可磨灭的历史贡献。民国初年，海外华侨踊跃捐资，创立了私立琼海中学即今天的海南中学。当年的雨亭楼、侨光楼和凤栖楼等就是周雨亭、韩裕准等侨领慷慨捐资兴建的。特别是私立海南大学的创办，曾寄托培养海南学子的文化热望，曾得到海外华侨的大力资助，海内外同仁相互合力，走出了一条比较成功的教育之路。

直到今天，文化传承薪尽火传仍然是海南教育发展的巨大力量。今日海南大学泰坚楼是琼籍知名人士黄坚、吴多泰、周成泰捐建的。此外，诸如逸夫楼和欧宗清厅以及华侨中学等都是海外华侨的文化贡献。至于捐赠书籍、捐赠资金，更是多不胜举。

除了学校，还有医院。1926年海口地区发生鼠疫，当年华侨捐资兴建的惠爱医院和爱生医院无法应付如此重大疫情，外国人办的海口福音医院和海口中法医院也规模较小病床较少。对此，华侨周成梅等竭力呼吁商会支持，众志成城建成了海南医院。

海南医院筹备兴建医院的过程，也是广大华侨传播慈善文

化、捐助家乡摆脱困境的发展过程。当年，海南医院新落成的雨亭楼、大章楼、成兴楼、尔和楼、明吉楼等医疗设施，是广大华侨用爱心构建的，是华人华侨对故园桑梓的无私贡献。

也许，有人认为这些慈善捐助离现代城市文化建设有点遥远，那是大错特错。历史文化传承是一座城市的DNA，如果随便割断历史血脉，城市文化将空洞乏力，会使人感到迷茫。因为，其根源在历史纵深，华侨文化其实连着"海上丝绸之路"的片片帆影。

"海上丝绸之路"从开始的目的来说是搞活商业流通，商业发展需要商业建筑。早在1918年，新加坡华侨何氏兄弟就在博爱北路东侧参与筹建精华公司。1924年，拆除海口所城城墙，商家捐资修建长堤路、长堤码头和海口钟楼，形成了海口新的商业活动场所。

当年，何氏兄弟筹资建起了三层楼高的当时规模最大的百货大楼。稍后，王先树在长堤路建起了大亚旅店。紧接着，王先树又经营起了裕大公司，并由此带动水巷口周边的阜成丰旅店、泰昌隆旅店、悦来旅店等旅店的集群建设。

于是，海南商业史上出现了以广州方言为联结的资金雄厚、店铺宏大、善于经营的广行，以福州、厦门、泉州、漳州等地商人组成的福建行，以高州商人为骨干的高州行，以海南籍商人组成的南行和以潮州人组成的潮行；出现了正合号、正益号、正兴号、正昌号、正安号、正顺号、正祥号以及梁安记、云旭记、广发号等老商号。

当然，在海口城市发展史上影响最大的，还属20世纪30年代建起的"五层楼"，那是当时城市的标志性建筑，是令当年海南人仰视的楼高五层的海口大厦。那是越南华侨吴乾椿创建的，因为仅此一家，使人们忘记了海口大厦的名字，而直呼其为"五层楼"。

裕大公司

由于商家密集屯聚，也由于市场驱动，市场需求催生了琼郡启明电灯公司、琼安垦务有限公司、森堡轮船公司、琼南酒楼、裕大公司和锦兴棉织厂等以发展实业为支撑的城市新兴产业，推动新兴城市经济的快速发展，并以全新的商业面貌出现在世人面前。所有这一切，似乎已经远离"海上丝绸之路"的片片帆影，但始终无法改变的是，海口港湾永远无法忘记那来自历史深处的远洋航船乘风破浪的文化精神和历史风貌。

如今，从"海上丝绸之路"走出去的华侨先辈的第二、第三代，他们仍沿着父辈们走过的道路走回来。20世纪60年代，新、马、泰等国琼侨捐助，建成了海口新地标华侨大厦，时人称之为"七层楼"，以赞扬城市新发展，并由此带动海外投资的新热潮。

在今天看来，20世纪的建筑似乎显得微不足道。但是，在

附：海口涉海问题研究的重要性与紧迫性

城市发展史上，这些历史建筑联结着城市文脉，联结着从历史纵深开过来的"海上丝绸之路"补给、避风、中转的远洋货船，联结着"海上丝绸之路"重要节点城市的历史人文资源，联结着由此而衍生的航运文化、港口文化、商贸文化、税收文化和会馆文化以及相关文化遗址、历史遗迹。那是研究涉海问题历史的鲜活证据，是建设海南国际旅游岛海口旅游基地海洋文化旅游的重要资源。

坚持以"海上丝绸之路"支点站为文化视点，对滨海城市历史进行梳理、开发、利用，那么，"海上丝绸之路"支点站和历史文化遗产的保护开发必将成为城市海洋文化亮点。

这就是蓝色文化，这就是海洋文化，这个文化亮点关系到城市综合竞争力，是海口城市发展不容忽视的重要力量。为此，我们必须挖掘"海上丝绸之路"重要节点历史遗存的文化亮点，做足做够海南国际旅游岛海口海洋旅游的大文章，以此与文化和旅游部、国家体育总局、国家文物局主办的西安、兰州等市的丝绸之路国际旅游节互相呼应，以扩大"海上丝绸之路"重要节点和海口海洋旅游在国内外的影响力，向全世界推介滨城海口。

显然，这是涉海问题历史研究的一个视点，是创新海洋经济产业发展的一个重点。而重中之重，就是从海洋文化着手，不断拓宽海洋历史的文化空间，全面推进海洋文明建设；就是充分发挥海口在海洋强省建设中的首位作用，为海洋强国建设肩负起历史担当。

发掘"海上丝绸之路"文化遗产，拓展了海洋经济新兴产业

海口，有海有口；滨海城市，因海而生。南海重镇，因"海上丝绸之路"重要节点的形成而向外发展，并在全国历史文化名城中赢得绝无仅有的历史地位。在特定的历史时期、特定区位条件、特定经济环境下，滨城海口获得特定的历史发展机遇。

这是一种历史机缘，一种时代际遇。于是，滨城海口对外交往得以拓宽，对外开放得以推动，港口建设得以促进，古城建设得以助推，历史名城得到了空前发展。

进行海口涉海问题历史研究，并不仅仅是为了研究而研究，而是要严格以战略发展的大思维、大视野，着力发掘整理"海上丝绸之路"的历史文化遗产。因为，城市是文化的容器，而滨城海口的形成与壮大，是"海上丝绸之路"历史文化衍生发展的文化结晶。

经济发展背后是文化，文化的空间有多大，城市发展空间就有多大。

谈海口城市历史文化，不少人错误地主张，海口浦的形成是城市诞生的原点。这是错误的、短视的、小海口的极为狭隘的历史文化观念，也是不合事实的观念。

客观事实是，南宋时形成的海口浦是琼州府城——海南卫城池的外港，那是"海上丝绸之路"发展史上补给、避风、中

转的航运港口（也叫白沙津），滨城海口是因海口浦而得名，但必须明白的是，始建于北宋的海南卫城池才真正是滨城海口的历史文化源头。

虽然历史上分分合合，但是今日琼山在两市合并之后已成为新海口新城区。所以，谈海口历史文化绝不能无视行政区划调整的事实，不能舍远求近。谈滨城海口悠远的蓝色文明曙光不能忽略府城，这是"海上丝绸之路"重要节点形成的历史文化因缘。

为此，我们要以科学的历史的发展的思维，审视和促进滨海城市的对外交往。1000多年来府城的外港——"海上丝绸之路"重要节点海口港，还有连接外港的河道直达府城东门、南门的航船，曾经满载远方商旅的愿望，并给南海边陲小镇带来希望。

海南华侨遍布五湖四海，有海水的地方就有海南人，其中有300多万华人华侨。他们以海洋为通道走向世界，早先是从东南沿海通过"海上丝绸之路"迁居海南，然后，他们的后裔又从海口渡海出洋，侨居世界各地。他们的不懈努力架设了对外交往的桥梁。

历史告诉我们，早在清代已有不少远方航船汇集海口，已有不少商家设立会馆，兴建天后宫庙宇，共同目标和利益使他们以海口作为补给、避风、中转的重要港口，做起汇通五湖四海的生意。海洋让他们走进海口，也是海洋使他们走出海口，走向世界。

不管是最早落籍海口的扎根滨城、以海为田、耕海牧渔的原住民，还是浮海而来、以海为利、以商为业的后来者，或者是已经移居国外的海外华侨，他们对城市发展都曾做出过不可磨灭的贡献。追述这段城市历史，目的是增加对滨城海口的文化认同感。

梳理海洋历史文化，记住乡愁，记住历史，记住城市对外交往历史，扩大现代海口对外开放，这是当代城市建设者的历史责任。不可否认，"海上丝绸之路"重要节点的形成，不仅仅促进滨城海口经济发展，而且对海南全省经济建设也起到了积极的推动作用。

2016年"两会"，时任国务院总理李克强提出"制定国家海洋战略，保护海洋生态环境，拓展蓝色经济空间，建设海洋强国"；"十三五"规划提出"坚持陆海统筹，壮大海洋经济，科学开发海洋资源，保护海洋生态环境，维护我国海洋权益，建设海洋强国"。

海南"十三五"规划提出：建设"21世纪海上丝绸之路"战略支点，国际旅游岛建设和海洋强省及"多规合一"等战略部署，为滨城海口指明了"十三五"时期海洋经济产业发展的新路子。作为省会城市，海口理应把海洋经济转型升级作为建设海洋经济强市的重中之重，把服务国家海洋战略作为义不容辞的重大责任，理应做活做优、做大做强海洋新兴产业，创新海洋经济新业态。今天，建设海南自由贸易港核心区，海口扛起了核心旗帜。

毫无疑问，保护海洋环境，创建国家级海洋生态文明示范区，让海洋资源成为经济社会发展的强力支撑，让海洋文化成为推动资源整合的有力推手，让资源有机整合转化为扎实推进"海澄文"（海口—澄迈—文昌）海洋经济建设的现实生产力，

这是新时期海口海洋经济发展的新抉择。

这是认识新常态、适应新常态、发展新常态；是关心海洋、认识海洋、经略海洋；是发挥资源优势推动海洋经济又好又快可持续发展的积极心态；是树立海洋文化新理念，坚持陆海统筹、依海富国、以海强国、人海和谐、合作共赢的推动海洋事业发展的新姿态。

海洋大省能否成为海洋强省，能否在"21世纪海上丝绸之路"建设中发挥应有的战略支点作用，省会海口肩负着重要责任。为此，当务之急，是致力提高海口在海洋强省建设中的首位度，不断增强省会城市支撑和带动海洋经济发展的聚集功能和辐射作用。

南海在召唤，国家在召唤，省会城市义不容辞，必须竭尽全力，将滨城海口打造成建设海洋经济强省的蓝色引擎。为此，必须明确海洋旅游经济建设的总体思路、目标定位、战略选择、功能布局、产业重点、重点建设项目、政策保障措施等；必须创新海洋经济新业态，丰富产业新内涵，扩展经济新空间，促进海洋经济新产业不断取得新突破。

目前，海口从战略高度提出《海口市推进"海澄文"海洋旅游经济带建设的建议》，旨在谋划以滨城海口为核心，带动澄迈和文昌海洋旅游经济发展。所以，本文以发展的眼光发掘整理"海上丝绸之路"文化遗产，为气魄宏大的发展规划提供战略决策的依据。

发展海洋经济新兴产业，打造海洋经济强省蓝色引擎，海洋环境资源保护和科学利用是重要基础。为此，首先要深入了解海湾历史，特别是水文历史、海域历史及受海流等因素影响的历史，以及海口湾的湾口和湾内半圆形两端连线内的浮沙的回淤量。

《民国琼山县志》记载：海口港内有乾隆年间构筑的东西两座炮台，因为没有注意到港外"有暗沙一条，暗沙外为崩墩"致使炮台因流沙、台风、海潮而倾圮。《民国琼山县志》还记载："崩墩外有暗沙二层，大沙礁一层，横贯二里，仅有小海道以通大海。"又另有记载，港外"以清水流为分界，又名分水洋，港内深宽可泊大船数十。近年来浮沙壅塞，水浅港狭，舟不能进，多泊港外，风涛不测，商旅病之"。也就是说，从宋代海口港开埠以来，千余年间，港口的水文变化很大。且不说清朝末年精心构筑的镇琼炮台和秀英炮台今日离海岸线已越来越远，仅就近年来沿海滩涂的水文变化，审视人工填海工程项目，建议应以科学态度，要既积极又审慎，务须认真推敲，稳妥实施。

推进"海澄文"海洋旅游经济带建设，应该先易后难、先近后远，项目规划应该以更好保护自然海岸线和沙滩为前提，应该把保护利用好独特宝贵的热带滨海海岸带资源、建设海岸滩涂自然岸段生态缓冲区与拓宽滨海文化旅游空间紧密结合。为此，本文强烈呼吁，建议借鉴国外十大著名海滩和国内十大著名海滩的建设经验，建议借鉴省内三亚湾抽沙填海的成功经验，为西海岸滩涂保护与开发创造新的文化旅游空间和经济发展空间。

海洋经济新兴产业和海洋旅游经济带建设应该统筹兼顾，从全省海洋经济的发展大局综合考虑，整体布局；应该坚持横向错位发展，纵向分工协调；应该千方百计结合旅游市场需求，拓宽海域资源利用。比如，应该在江河出海口，特别是南渡江

出海口，沿江流上溯，努力改善水域环境，设立通江达海的国际旅游岛垂钓基地，创造现代化国际化城市的高水准、高格调的江海垂钓空间，打造具有个性的休闲垂钓基地。为此，积极营造政治领袖钓王侯事业、商业巨子钓四海财富、社会精英钓人生风范、年轻伴侣钓甜蜜岁月、候鸟老人钓安详人生、沿岸百姓钓幸福家园、市政府钓旅游基地的自由垂钓基地和文化娱乐空间。

这是一个广阔的文化旅游空间，它的产业延伸前景非常可观。

都说世界上最浩瀚的是海洋，但比海洋更浩瀚的是人的心灵。

以促进海洋经济新兴产业发展的心力与灵气去拓宽海洋强市的经济发展空间，使之成为海洋强省乃至海洋强国的助力，成为海洋强省乃至海洋强国的经济热点、旅游亮点，这是当代滨城海口推进海洋文明城市建设的最浩瀚的事业、最宽阔的发展空间。

海南正在建设自贸港，海口作为自贸港的核心区，新时代赋予海口最好的发展机遇。面对日新月异的新形势，把握全局，应对变局，彰显新时代治国理政的新规律，推进中央部署的海南自贸港建设，海口必须扛起核心区核心旗帜，阔步前进。

到2025年，自贸港封关，核心区横空出世。2026年，海口建市百年华诞庆典，一个朝气蓬勃的现代化国际化城市将擎天驾海，站在世界自贸港前列。届时，核心区扭转乾坤，重造天地，诚如清人龚自珍诗云："叱起海红帘底月，四厢花影怒于潮。"（《梦中作四绝句（之二）》）

后　记

　　海口骑楼老街以其唯一性、独特性，在首届十大"中国历史文化名街"的评比中出类拔萃，从众多优秀代表中脱颖而出，令人感到非常欣慰并为海口骄傲与自豪。

　　从2009年至今，14个年头过去了，这期间又发生了很多感人事情，特别是2015年的海口市"双创"建设。几年来，围绕城市"双创"，中山街道突出重点，聚焦难点，从大街到小巷，攻坚克难，分步推进，遍及街区，整个街道发生了前所未有的大改变。

　　这是一种历史性的质变，它不仅是扮靓表层，而且深入中枢，不仅仅是百年老巷的硬件变化和环境美化，更重要的是旧城区老街区的形象品位提升，是人的思想品质的根本变化、人的文化素养的继续提高。这本质的变化，在以前是不可思议的、很难想象的。

　　这种变化是在市委、市政府指导下，在区委、区政府领导下，在进驻街区的人大代表与有关局领导的直接指引下，在中

后
记

山街道全体干部的不懈努力下，在各个居委会干部的参与和践行下，在街区各家各户发自内心的积极配合下，共同努力取得可喜的阶段性成果。

习近平总书记教导我们，老百姓对美满幸福生活的追求就是我们工作奋斗的目标。以此来衡量一个社区的文明，关键要看百姓是否安居乐业、行业服务是否令人满意、所在街区市民是否受益。在短短的"双创"过程中，我们首先是通过营造优美的生态环境、舒适的生活环境以及和谐的社会环境，使广大市民的利益得以实现。为此，我们深刻体会到，必须突出街区传统文化，以增强居民的认知感和认同感，以增强街区的凝聚力和向心力。

要增强居民认同感和归属感，要增强街区凝聚力和向心力，必须挖掘街区人文历史，凸现城市精神。海口市是国家历史文化名城，中山街区是滨城海口的文化肇始地，老街小巷是现代城区的发祥地。百年沧桑，街区巨变，市民聚居一处，邻里和睦相处，这本身就是一种文化认同、一种精神归属，而存留于街区的文化遗存，就是极重要的精神载体。

海口骑楼老街是历史文化遗存、历史建筑分布最为集中的重要城区。完全可以这么说，骑楼老街是一座名符其实的"文物街区"。如何形成"政府主导、部门协作、社会参与"的文物保护格局，建成"五位一体"的文物保护工作体系，如何让文物"活"起来？

为此，我们用几年时间来行走街区，造访老巷，认真挖掘、整理、包装、弘扬与彰显骑楼文化。因为这一举，我们既是梳理街区的人文历史，同时也是梳理城区和历史文脉。经过初步调研，我们对街区历史文化底蕴有了较深刻的认知，进行了较深刻的文化梳理。我们希望合理利用研讨与招商，向社会推介骑楼老街，引进社会资本，让文物发挥应有作用。

中山街区是明代海口所城遗址的所在地，是滨城海口之所以成为海南中心城市的文化奠基地。2007年3月，国务院批准公布海口市作为国家历史文化名城，就是对骑楼街区和府城传统建筑历史文化城区的认可与批复。可是，当深入了解骑楼街区的文化腹地老街古巷之后，更多的人会自觉更正对海口市历史文化的人文认知，从而有了对老街古巷人文历史的重新认同，并深刻领悟城市文明的原动力，这是现代文明城市的文化推动力。

海口城市文化遗存的调查研究是比较费力的，中山街区有历史文化遗存近百处，其中有不少具有极珍贵的文化价值。当然，最有历史文化价值的是"海上丝绸之路"中转、补给、避风的历史港口，是水巷口、得胜沙、中山路等历史街区，那里是老居民百年情感的归宿地。细数街区的人文，有元代海口市最早兴建的天后宫，有明洪武二十七年（1394年）修筑的海口所城，有明隆庆年间兴建的西天庙，有藏于市区的关帝庙……那些地方仍保留着老海口的城市印记，那是文明城市弥足珍贵的人文财富。

城市"双创"在改造城区自然环境和人文环境，其中包括硬环境和软环境，而软环境中最重要的是人文环境。人文环境的优劣主要表现在文明程度的高低，文明程度的高低主要表现在市民道德素质文化水平的高低。所以，在改善硬环境的同时，挖掘街区文化，增强历史文化认同，是"双创"活动极为重要的一环，是提升市民道德素质不容忽视的关键一环。

祭拜太阳太阴庙是百年街区最能够体现市民群体"与大自然和谐、与族群和谐、与自我和谐"的重要的人文活动，是希

后
记

冀日月同辉、福禄长存的具体表现。如果很好地引导并弘扬传统文化美德，有利于推进社区文明程度的提高和居民人文素养的提升，有利于促进"讲礼节，重信用，自觉自律，友善礼让"文明风气的形成，有利于给人以亲切感与归属感。因为"双创"的深刻意蕴是把街区建设成具有凝聚力与亲和力的令人向往的文明城区。

笔者想，当我们行走街区面对骑楼老街、徘徊老巷之时，是否无意中骚扰了城区灵魂，打扰了沉睡的神灵？如果真的有那么一丁点的叼扰与晃动，我们会深深感到心灵不安。实在对不起，骑楼老街的老先辈，我们非常诚挚地说：你们是全国历史文化名街的缔造者。

这是无上荣誉，无比光荣；这是城市品位的象征，城市人文历史悠久的明证。这里不知有多少人为之奋斗、为之努力，为了城市荣誉，城市的先辈付出了牺牲。不禁想起三坊七巷宣言：每一个城市都有自己独特的历史文化基因，城市在发展过程中要格外珍惜自己的文化遗产，它不仅属于一个城市，也是全人类共同的财富，每个城市都有责任和义务保护。

本书的编写出版，得到海口市龙华区旅游和文化体育局、海口市群众艺术馆和海口市中山街道办事处的赞助，得到中国海洋大学出版社曾科文、陈琦编辑的悉心支持，在此一举感谢。

诚挚希望：点上出彩，面上开花，让全市盛开文明之花，让花朵更加鲜艳美丽！

谨为后记！

作者谨识

2023年3月